农田水利灌溉发展规划

——基于小型灌区的规划研究与实践

肖健飞　卫忠平　等◎编著

中国林业出版社

图书在版编目（CIP）数据

农田水利灌溉发展规划：基于小型灌区的规划研究与实践／肖健飞等编著. — 北京：中国林业出版社，2023.11

ISBN 978-7-5219-2377-3

Ⅰ.①农… Ⅱ.①肖… Ⅲ.①农田灌溉–研究–中国 Ⅳ.①S275

中国国家版本馆 CIP 数据核字（2023）第 189971 号

责任编辑：陈　惠　马吉萍

出版发行：中国林业出版社
　　　　　（100009，北京市西城区刘海胡同 7 号，电话 83223120）
电子邮箱：cfphzbs@163.com
网址：www.forestry.gov.cn/lycb.html
印刷：北京中科印刷有限公司
版次：2023 年 11 月第 1 版
印次：2023 年 11 月第 1 次
开本：787mm×1092mm　1/16
印张：9.25
字数：200 千字
定价：58.00 元

前 言

随着经济社会发展，水资源对人口、城市和工业以及农业的刚性约束日益增强，水安全在国家安全中的位置更加凸显。高水平农田水利灌溉发展规划是提升水资源配置效率、提高水资源承载能力的有效途径，是利用生态环境成本纳入经济运行成本、将指标定额杠杆促进绿色发展的重要举措，是国土空间规划工作的重要内容之一。特别的是，农田水利灌溉发展规划还关乎节水减排、水生态环境保护、粮食生产安全、节水型社会建设、乡村振兴等，是保障粮食安全、实现"三农"现代化的重要支撑，也是落实"藏粮于地，藏粮于技"的重要工作，还是我国城乡国土空间规划贯彻实施"绿水青山就是金山银山"（以下简称"两山"）、"生态修复、城市修补"（以下简称"两修"）的重要发展战略举措之一。可见，农田水利灌溉发展规划应受到社会各界的高度关注。

农田水利灌溉用水量大面广，是用水大户，是节水减排潜力所在。长期以来，我国相关规划工作一直存在"重城市、轻乡村"的现象，实施国土空间规划后也存在"留白"农田水利灌溉规划短板，没有实现国土空间规划全覆盖，饱受各界诟病。为此，业界一直努力补齐农田水利灌溉规划这个短板，尽力消除国土空间规划中的问题。自从我国实施了严格控制城市建设边界、严管生态红线和严格保护耕地等"三条红线"政策以来，规划重心开始转移到了乡村规划上来。尽管如此，乡村规划仍只重视乡村建筑、道路、绿化、市政管网等建设规划，规划模式大多是城市规划的"翻版"，其中农田水利灌溉发展规划几乎处于空白。农田水利灌溉自身也存在"家底不清"、水资源水商品意识淡薄、水价形成机制不健全、用水方式粗放、农田水利灌溉设施薄弱、运行维护经费不足、用水管理水平不高等问题，使农业节约集约用水、水生态环境保护等方面得不到应有的落实，导致农田水利灌溉与生态用水矛盾突出，水系生态环境恶化的趋势未得到根本好转。

为此，必须抓紧开展农田水利灌溉发展规划的编制工作，国家有关部门应把农田水利灌溉发展规划作为国土空间规划的重要专项规划工作，高位推动、及早谋划，抓紧成立工作专班，开展规划编制，发布规划导则，制订实施细则，明确实施要求。各省（自治区、直辖市）也要及时明确实施规划编制任务，并与"保障粮食安全、促进生态文明、助力乡村

1

振兴"和"共同富裕"紧密结合起来。通过科学规划，建立农田水利灌溉发展建设与管理机制、水价形成机制、精准补贴与节水奖励机制及工程运行维护机制等一系列举措，强化全民水情教育，算清从供水源头至田间地头的运行维护成本"明白账"，切实提高"水商品""有偿用水"意识，调动农田水利灌溉用水主体的节水减排、应用节水技术的积极性，增强节约用水的自觉性，加强农田水利灌溉管理，确保水利灌溉设施正常运维，促进节水减排和集约节约用水，提升乡村水生态环境品质，保障粮食生产安全，加快美丽乡村建设，助推乡村振兴。

农田水利灌溉发展规划编制主要包括：收集资料、实地调研、确定当地农田水利灌溉面积及范围、选定典型灌区、方案编制、意见征询、成果公示、审批实施等阶段。在规划编制过程中，需要当地政府成立规划编制工作领导小组，发展和改革委员会、财政、规划和自然资源、农业农村、水利等部门以及属地乡镇（街道）等成员单位的大力支持与配合。规划实施后要及时做好绩效评估，定期开展实效评价，认真总结，努力提升规划效能。

本书第 1 章是规划背景，阐述规划概况、所需基础资料及现存问题分析；第 2 章是规划总则，阐述规划必要性、规划目标、规划范围与分区及规划成果等；第 3 章是水土资源供需分析与评价；第 4~7 章是规划编制的主要内容、方法及成果；第 8~9 章是规划实施的效益及保障措施等。本书可作为城乡规划、村镇规划、国土空间、农业、水利、生态、环境等相关学科专业的教材教辅，也可以作为从事城乡规划、村镇规划、国土空间、农业、水利、生态、环境等设计、建设、管理工作者的参考用书。

本书由杭州水立科技有限公司组织编著，肖健飞任主编，卫中平任副主编，项慰明、杨杰、季超、何昱、吴延胜、王雪、陈玲玲、毛丹清等参与编写。

由于编写人员水平有限，时间仓促，书中不足在所难免，望读者批评指正。

编著者

2023 年 8 月

目 录

前 言

1 规划背景 ··· 1

　1.1 规划概况 ··· 1

　1.2 规划基础资料 ·· 3

　1.3 规划现存问题 ·· 9

2 规划总则 ·· 12

　2.1 规划必要性 ·· 12

　2.2 规划任务目标 ·· 14

　2.3 规划范围与分区 ·· 20

3 水土资源供需分析 ·· 23

　3.1 水土资源总量 ·· 23

　3.2 水土资源利用现状和需求预测 ··· 25

　3.3 水土资源供需平衡分析与评价 ··· 26

　3.4 总体评价 ·· 29

4 工程建设规划 ·· 31

　4.1 灌溉工程规划 ·· 31

　4.2 灌溉泵站规划 ·· 38

　4.3 灌溉水闸（闸站）规划 ·· 45

　4.4 堰坝引灌规划 ·· 47

　4.5 渠系工程规划 ·· 50

　4.6 量水工程规划 ·· 52

　4.7 田间附属工程 ·· 56

　4.8 环境影响评价规划 ··· 62

5 终端管理规划 ………………………………………………………… 64
  5.1 终端管理组织 ……………………………………………………… 65
  5.2 农田用水定额规划 ………………………………………………… 69
  5.3 农田水利灌溉用水量规划 ………………………………………… 73
  5.4 农田水利灌溉水权 ………………………………………………… 75
  5.5 末级渠系管养规划 ………………………………………………… 77
  5.6 量水设施管理规划 ………………………………………………… 78
  5.7 节水技术规划 ……………………………………………………… 79
  5.8 智慧灌区建设 ……………………………………………………… 80

6 机制建设规划 ……………………………………………………… 83
  6.1 指导思想 …………………………………………………………… 83
  6.2 基本原则 …………………………………………………………… 83
  6.3 总体目标 …………………………………………………………… 84
  6.4 水价形成机制规划 ………………………………………………… 84
  6.5 精准补贴机制规划 ………………………………………………… 91
  6.6 节水奖励机制规划 ………………………………………………… 93
  6.7 绩效考核机制规划 ………………………………………………… 94

7 投资估算 …………………………………………………………… 97
  7.1 编制依据及方法 …………………………………………………… 97
  7.2 典型灌区投资估算 ………………………………………………… 97
  7.3 项目总投资估算 …………………………………………………… 102
  7.4 资金筹措 …………………………………………………………… 104
  7.5 规划实施 …………………………………………………………… 105

8 规划效益 …………………………………………………………… 107
  8.1 经济效益 …………………………………………………………… 107
  8.2 环境效益 …………………………………………………………… 108
  8.3 社会效益 …………………………………………………………… 109

9 规划保障措施 ……………………………………………………… 110
  9.1 加强领导，明确职责 ……………………………………………… 110
  9.2 落实资金，确保实施 ……………………………………………… 111
  9.3 加强宣传，推广技术 ……………………………………………… 111
  9.4 强化考核，确保成效 ……………………………………………… 112

参考文献 ……………………………………………………………… 113
附　录 ………………………………………………………………… 114

1 规划概况

1.1 规划概况

随着经济社会发展，水资源对人口、城市和产业发展以及农业生产的刚性约束日益增强，水安全在国家安全中的位置更加凸显。我国农田水利灌溉是用水大户，也是节水潜力所在。但我国缺乏对国土空间全覆盖，尤其是农田水利灌溉规划几乎为空白。由于种种原因，一些地方农田水利"最后一公里"欠账较多，管护薄弱，节水工作刚刚起步。特别是存在水资源意识淡薄、用水方式粗放、用水设施薄弱、运维经费不足、管理机制不全等问题，农村田间地头的灌溉泵站机埠、堰坝水闸形象面貌"旧、乱、差"，水泵电机年久失修、泵房内部结构混乱等现状，不少地方还存在过度灌溉，甚至边灌溉边排放的现象，导致农田水土流失、残留化肥农药等对水系的污染、水域淤积严重等一系列问题，农田水利灌溉与生态用水矛盾突出，又进一步加剧了水系生态环境恶化，已成为农田水利灌溉的突出"短板"，与农田水利灌溉需求和节水工作不相匹配，与美丽乡村建设不相协调，与乡村振兴的要求不相适应。在践行生态文明建设发展，深入推进"两山"发展理念的指引下，亟须编制农田水利灌溉发展规划，高位推动、及早谋划，并与保障粮食安全、促进生态文明、助力乡村振兴和"共同富裕"紧密结合起来。编制规划过程中，要坚持农田水利灌溉规划与农业节水减排工作并重，坚持农田水利灌溉工程建设与管理机制健全完善并举，坚持提升组织化程度与推进物业化管理并进，以保障粮食安全为主线，以美丽乡村建设为抓手，促进农村灌溉水利高质量发展，实施农田水利灌溉模式变革，改变我国农田水利灌溉用水粗放模式，推进节水减排，提高农田水利灌溉的有效水利用系数，促进农业集约节约用水，为实现乡村振兴夯实良好的生态基础。

通过实施农田水利灌溉发展规划，农田用水主体的节水减排意识将显著提高；在有效灌溉区域内，逐步建立科学合理的水价形成机制，使水价总体达到或逐步提高到运行维护成本；农田水利灌溉逐步实行用水定额管理和总量控制，水有效利用系数明显提升；强化农田水利基础设施建设品质与文化内涵，提高水利灌溉工程建设品位；落实农田水利灌溉工程管护主体，建立长效的农业节水奖励和精准补贴机制，实现农田水利灌溉工程持续高效运行，减少农业面源污染，保障粮食安全，提升乡村生态环境品质，助力乡村振兴建设。

农田水利灌溉发展规划主要包括工程建设规划、终端管理规划和机制建设规划三个层面：

工程建设规划内容主要有：①以规划行政区域为规划编制范围，做好规划区域内现有耕地、耕地灌溉面积和后备耕地资源分布，依据国土空间规划，衔接高标准农田建设、后备耕地资源综合利用和土壤普查成果，在平衡好紧缺的水土资源与日益增长的粮食需求关系基础上，以提升农田水利灌排保障能力为重点，以区域水网建设为依托，合理确定农田水利灌溉发展目标、布局和建设任务，为确保粮食安全提供坚实的水利支撑和保障。②根据农田水利灌溉发展目标、布局和建设任务，划定灌区内外边界，做好灌区规划布局。③规划配套建设泵闸站、山塘水库、堰坝、灌溉渠系等骨干灌排及重要工程节点的灌溉工程设施，综合规划泵房建筑、出入道路、管线、绿化及周边人文环境景观，提升水利灌溉工程建设品质。④选择典型的农田水利灌溉灌区规划配套建设灌溉量水设施，"以点带面"实现农田水利灌溉总量控制、定额管理。⑤绘制农田水利灌区"一张图"，将灌区内外边界、骨干灌排、重要工程节点等信息编织"一张网"。

终端管理规划内容主要有：①合理测算农作物用水量，通过灌溉用水总量控制、定额管理的方式，达到农田水利灌溉最直接的节水目的。②建立农田水利灌溉工程管护制度、灌溉管理制度等，规范工程建设与运行维养管护主体和管护要求。③加大资金投入，保障运行管理持续发展。④加强队伍建设，建立乡村基层农田水利灌溉管理小组，明确小组成员、落实人员职责。

机制建设规划内容主要有：①建立农田水利灌溉水价形成机制，合理测算水价，制订执行水价和分类水价，规范农田水利灌溉的水费计收方式。②建立精准补贴和节水奖励机制，从土地出让、土地流转等资金中，适当提取部分建立奖补专项资金，确保乡村农田水利灌溉工程维养经费稳定，提高农田水利灌溉主体节水意识和节水主动性，促进农田水利灌溉工程良性运行。③建立用水管理机制。农田水利灌溉实行"总量控制、定额管理"，提水泵站(机埠)灌溉实施"直接计量或以电折水"、自流灌区用水实施"流量计"量水，通过建立信息化管理平台，实施对农田水利灌溉用水情况实时监管与考核。④建立农田水利灌溉工程管护机制，成立乡村农田水利灌溉用水管理组织，明确管理职能，明晰工程产权归属，强化工程管理制度，培育工程管理人员，承担工程管护职责，提升工程管理能力和水平。

规划实施后，乡村农田水利灌溉管理水平将得到显著提高，农田水利灌溉的用水量、用电量将进一步减少，实现农业增产增效，有助于粮食功能区和现代农业园区(以下简称农业"两区")建设，具有明显的经济效益。同时，通过节约农田水利灌溉用水，相对就增加了生态等其他用水，减少农田用水中化学需氧量(COD)、总磷(TP)、总氮(TN)等的排放，对水资源的可持续开发利用、发展节水型农业、建设节水型社会、改善生态环境、促进乡村振兴等方面具有重大意义。

通过推进实施农田水利灌溉发展规划,将以高标准农田、水系等生态廊道串联各灌溉工程精品节点,引导乡村农田水利灌溉设施与本土人文、自然生态深度融合,以特有的、高品位的景观彰显美丽乡村农业"节水减排"发展内涵,实现农业精明增长和高质量发展,助力全域美丽建设、高品质乡村振兴,推动共同富裕。

通过推进实施农田水利灌溉发展规划,将进一步推动乡村农业生产、生活、生态三大布局,协调好乡村农田水系资源利用、绿色生态廊道建设、乡村优秀水利工程文化遗存保护展示、乡村农文旅融合提升等之间的有机关系,引导乡村农业发展从生产粗放型转向集约节约型、农村面貌从环境模仿复制转向特色塑造、农业产业从一产升级为一二三产融合。引领乡村农民生活方式变革,推动现代乡村生活与节约型、品质型社会理念发展,让农民静下心来、潜心手艺、品味文化、亲近自然、享受生活。

通过推进实施农田水利灌溉发展规划,将引领"三农"发展方式变革,统筹乡村生态、文化、产业三大动力,把"生态"作为农田水利灌溉发展规划的主引擎,目标是助力发展乡村农业新经济、培育新动能,加快构建乡村农业产业生态圈、创新生态链,推动乡村新时代"三农"创新性发展、创造性转化,构建形成产业生态化和生态产业化"三农"愿景。

通过推进实施农田水利灌溉发展规划,将引领乡村农田水利设施治理方式变革,建立乡村基层灌溉用水管理组织,实施精准补贴、节水奖励机制,统筹政府、社会、农民三大主体,充分发挥乡村基层农田水利灌溉设施管理组织的核心作用,推动乡村农田水利灌溉设施良性发展,实现乡村治理体系和治理能力现代化。

通过推进实施农田水利灌溉发展规划,将助推乡村农文旅田园综合体的建设,打通了"两山"的转换通道,实现了农田水利灌溉发展规划的价值与经济价值、生态价值、社会价值共赢,使乡村农田水利灌溉规划成为乡村国土空间规划建设的幸福点,提高了乡村村民的获得感、幸福感,增强农田水利灌溉规划的"幸福指数"。

农田水利灌溉发展规划涉及农业有效灌溉面积及区域、农业种植、农田水利灌溉工程、用水量水、用水价格、财政资金等方方面面,是一项集国土空间规划、工程建设、机制建立与政策保障等于一体的专业性、技术性、政策性、综合性很强的工作。为了确保规划高起点、远目标、可操作,需要从组织、技术、资金、机制、政策、宣传培训等方面入手,科学编制规划,加强组织领导,明确工作职责,强化政策支撑,做好舆论引导,落实保障措施,积极推动实施,实现农业灌溉节水减排和灌溉设施可持续发展目标。。

1.2 规划基础资料

1.2.1 自然条件

(1)地理位置

规划区域的区位、地理坐标、用地面积、各类农作物种植面积及其空间分布情况等。与规划区东、西、南、北等接壤区域,以及规划区地理位置图。

（2）地形地貌

规划区域的地势走向，海拔，山地、丘陵、平原、滩涂等分布情况及其面积和占比情况等。

（3）河流水系

规划区域内主要河流水系的长度、宽度、常年水位、洪水位、水深、流域面积。流域内年平均降水量、年平均径流量等。涝渍、干旱等自然灾害情况及对当地农业生产、经济社会的影响。

（4）水文气象

规划区域地处气候区的日照、雨量、年平均降水量、年平均气温、蒸发量，主要灌溉河流水系的流速、流量、径流量等资料。

（5）水资源利用

根据当地水资源公报等资料，掌握年降水量、水资源总量（包括地表水资源量、地下水资源总量等）、年用水量（包括农田水利灌溉用水量及其占比等）。通过分析以上数据，明确当地农田水利灌溉用水情况，以及节水减排的潜力等情况。

1.2.2　经济社会现状

根据当地统计年鉴，掌握规划区域范围内各级行政区划情况，了解户籍人口、年增加人口（包括农村人口、占总人口的比重等）。城乡常住居民人均年可支配收入、增长率，年城镇常住居民人均生活消费性支出、增长速度，农村常住居民人均生活消费性支出、增长速度等。

规划区域的年生产总值、同比年增长速度，其中：第一产业、第二产业、第三产业占比及增长速度。年农业总产值及增长速度（包括种植业、林业、牧业、渔业等占比情况）。

1.2.3　农业生产现状

根据当地现状调查结果及统计年报等资料，掌握规划区域内农作物种类，主要农作物种植品种、面积、产值、产量及占比，以及耕地资源利用与发展情况，并附农作物播种面积空间地域分布图。

1.2.4　农田水利灌溉现状

（1）灌区

调查摸清规划行政区域范围内现有耕地、耕地灌溉面积和后备耕地资源分布情况，依据国土空间规划，衔接高标准农田建设、后备耕地资源综合利用和土壤普查结果，确定农田水利灌溉分布现状、边界、规模和建设现状，划定灌区内外边界，做好灌区现状布局图，为规划提供坚实的支撑和保障。

对现有灌区开展调查过程中，重点调查摸清基本农田面积（包括旱地）、有效灌溉面积、粮食功能区面积、现代农业园区面积、高效节水灌溉面积(包括喷灌、微灌等节水设施面积等)及其具体分布情况等。

(2)工程设施

①水源工程:调查摸清规划区域内现有灌溉水源工程类型,如水库、山塘、提水泵站、引水堰坝等,以及其分布情况。

②灌溉排水工程:调查摸清规划区域内现有灌溉渠道长度(包括防渗灌溉渠道长度等)和完好率比例,流量≥1m³/s的渠道长度(包括防渗渠道长度)和完好率比例;渠系建筑数量(其中流量≥1m³/s的渠系建筑数量)和完好率占比;排水沟长度(其中流量≥1m³/s的排水沟长度);等等。

调查摸清规划区域内现有低洼易涝区(圩区)面积、堤防长度(其中已加固长度)、水闸数量、泵站数量、总装机容量、低洼易涝区(圩区)分布情况。

1.2.5 农田水利灌溉管理现状

(1)农田水利灌溉用水

根据当地历年水资源公报和农田水利灌溉水有效利用系数测算分析成果等资料,调查、分析、研究农田水利灌溉、节水减排等现状,并确定其形成原因。

(2)农田水利灌溉管理及水费征收情况

调查摸清规划区域内农田水利灌溉水费征收情况,包括农户、村集体或村股份经济合作社、种植大户等分别承担水费情况,以及农田水利灌溉水价成本中维修养护成本、人工成本和供水动力成本(电费)等分别承担情况。

(3)运行管理

调查摸清规划区域内现有大型灌区、中型灌区、小型灌区等的面积、容量,以及管理机构设置、管理人员、维修养护、经费及效益情况等。

1.2.6 灌溉存在问题

从水资源开发利用状况、水土资源匹配情况、灌溉用水效率、灌排设施短板、灌溉管理弱项、灌区生态建设、粮食安全灌排保障能力等方面,分析规划区域灌溉发展存在的主要问题。从水资源、土地资源、生态环境等方面,分析规划区域灌溉发展的制约因素。

1.2.7 灌溉潜力评估

(1)可发展灌溉土地

基于规划区域灌溉基本情况,综合考虑国土空间规划,未来建设占地、退耕、水源不足等导致灌溉面积减少的因素,以及续建配套改造等导致灌溉面积改善和增加的因素,系统分析本规划区域灌溉面积以及现有灌区灌溉发展潜力、可灌溉旱地潜力和可灌溉耕地后备资源潜力。

（2）节水潜力分析

基于规划区域当前灌溉节水水平，合理确定本规划区域水平年灌溉用水效率等节水目标，衔接灌区骨干工程与田间工程节水改造等建设和管理任务，科学分析现有灌溉面积的节水潜力。

（3）灌溉可用水量

按照"总量控制、三生统筹、高效利用、合理配置"的原则，合理确定本规划区水平年灌溉可用水量及各分水源灌溉可用水量，包括地表水、地下水、外调水和其他水量。

（4）水土资源平衡

在可发展灌溉土地、节水潜力、灌溉可用水量分析的基础上，坚持以水定地、水土相宜，衔接灌区改造与新建规划等成果，综合分析水土资源及生态平衡状况，合理确定规划水平年灌溉发展水资源配置方案。

（5）灌溉面积发展规模

在水土资源平衡分析的基础上，考虑可实施性、经济合理性及实施影响等因素，分析现有灌区建设及改造提升，已有旱作耕地发展灌溉，滩涂、垦造等耕地后备资源开发利用等方式增加的灌溉面积及空间分布情况。

1.2.8 其他

调查摸清当地具有代表性的农田水利灌溉工程文物、古迹、历史遗迹等，当地历史上农田水利灌溉方面的名人名事、传说、习俗、风土人情等。

1.2.9 现状分析评价

（1）区域灌溉基本情况

以规划行政区为基本单元，分析区域灌溉基本情况。

①按照水利部对灌溉面积有关数据信息的要求，结合国土调查成果、国土变更调查成果、"三区三线"划定成果、水利统计数据和实际情况，系统收集和分析整理水平年耕地面积、灌溉面积、耕地实灌面积等数据。

②收集高标准农田建设相关资料，系统分析整理高标准农田面积、高标准农田面积中的灌溉面积（以下简称"高标准农田水利灌溉面积"）数据。

③收集耕地后备资源调查评价资料，系统分析整理耕地后备资源面积数据。

④收集水利统计年鉴、农村统计年鉴等资料，系统分析整理节水灌溉面积数据。

⑤收集水资源公报及农田水利灌溉水有效利用系数测算成果等资料，系统分析整理农田水利灌溉水有效利用系数数据。

⑥收集近年水资源公报等资料，系统分析整理灌溉用水量数据。

表 1-1 _____ 灌溉基本情况

乡镇(街道)名称	耕地面积/万亩	灌溉面积/万亩			高标准农田面积/万亩		耕地实灌面积/万亩	农田灌溉水有效利用系数	耕地后备资源面积/万亩	灌溉用水量/万 m³		地下水灌溉水量/万 m³	灌溉用水计量率/%	节水灌溉面积/万亩		粮食产量/万 t		备注
		合计	耕地面积		合计	灌溉面积				合计	耕地用水量			合计	高效节水灌溉面积	总产量	灌面上产量	
			小计	水浇地														
全规划区合计																		
乡镇 1																		
乡镇 2																		
……																		

表 1-2 _____ 大、中型灌区水平年基本情况

序号	灌区		所在水资源四级区名称	设计灌溉面积	灌溉面积/万亩					耕地实灌面积/万亩	灌溉设计保证率/%	农田水利灌溉水有效利用系数	水源工程			灌排骨干工程		
	名称	类型			合计	耕地面积			高标准农田				工程名称	灌溉用水量/万 m³		渠道衬砌率/%	骨干工程配套率/%	骨干工程完好率
						小计	水田	水浇地						合计	耕地用水量			
全规划区合计																		
1																		
2																		
……																		

注：1 亩≈666.67m²，下文同。

（续）

节水灌溉面积/万亩		排涝面积/万亩		灌溉用水计量设施覆盖率/%		管理服务							灌面上粮食产量/万t	备注
合计	高效节水灌溉面积	合计	达标面积	斗口及以上水量计量设施覆盖率	井口水量计量设施覆盖率	是否已设置灌区管理机构	灌溉水价/(元/m³)		水费/万元		"两费"/万元		信息化系统建设情况	
							运行维护成本	执行水价	应收	实收	核定值	实际值		
					—									
					—									
					—									

⑦收集统计年鉴、农村统计年鉴等资料，调查灌溉面积上的种植结构、播种面积等，系统分析整理灌溉面积上的粮食产量数据。

⑧收集已批复的江河流域水量分配方案、重点河湖生态流量保障目标、地下水管控指标等资料。

(2) 灌区基本情况

①结合大、中型灌区名录，以灌区为基本单元，系统分析整理大、中型灌区灌溉面积、高标准农田水利灌溉面积、灌溉设计保证率、农田水利灌溉水有效利用系数、灌溉用水量、水源工程情况、灌排骨干工程情况、节水灌溉面积、排涝面积、管理服务情况、灌溉面积上的粮食产量等数据。

②按照规划区域与灌区间数据相闭合的要求，系统分析整理小型农田水利建设区域的灌溉面积、高标准农田水利灌溉面积、灌溉用水量、节水灌溉面积、灌溉面积上的粮食产量等数据。

③各类灌区的灌溉用水量、灌溉面积、节水灌溉面积、粮食产量等指标均不应重复统计。

④按照水利部对灌溉面积有关数据信息的要求，充分利用大、中型灌区"一张图"建设相关成果，将水平年灌溉面积"落地上图"。

通过调研分析，形成表1-1~表1-2。

1.3 规划现存问题

1.3.1 规划体系不全，灌溉规划空白

我国规划体系中，历来比较重视研究城市规划，即使是从《中华人民共和国城市规划法》转变为《中华人民共和国城乡规划法》、国土与规划合并后，乡村国土空间规划一般也只研究乡村建设范围内的建筑、道路、绿化、市政管网等建设规划，对乡村建设范围以外国土空间的规划往往轻描淡写或敷衍了事。但要落实"两山""两修"理念，贯彻节水减排方针，全面推进生态文明建设，乡村国土空间中水元素是非常核心的规划内容，尤其农田水利灌溉是用水大户，是影响生态环境较为关键的要素，而农田水利灌溉发展规划却几乎为空白，导致农田水利灌溉、农业节水减排等工作无规划可依，灌溉用水管理无法规可施，日常运行操作难免处于失控状态，水生态环境建设难见成效。

1.3.2 节水意识淡薄，激励机制缺乏

目前，我国农田水利灌溉节水减排意识普遍不强，有些地方甚至根本没有节水减排概念，农田用水存在过量灌溉，甚至存在边灌溉边排放的"打跑马水"现象。加之，农田水利灌溉工程一般是由政府投资建设，而工程日常管理由所在的乡镇(街道)、行政村或村股份经济合作社负责，有些地方灌溉设施日常发生的运行、管理和维修养护等费用也由所在乡

镇(街道)、村股份经济合作社支付，或者由农户承担很少一部分；经济条件比较好的地区，农田水利灌溉用水主体根本不承担任何费用。由此导致农田水利灌溉用水主体没有"水成本"概念，更谈不上有"水商品""有偿用水"的意识，自然也就没有节水意识，农田水利灌溉用水主体节水灌溉、应用节水技术和节水的自觉性更为缺乏。农业粗放型的用水模式增加了农田水土流失和残留化肥农药等对水系的污染，农田水利灌溉用水与水生态系统用水之间的矛盾十分突出，特别是用水高峰时期和枯水季节，进一步加剧了水生态环境恶化。

1.3.3 用水设施陈旧，有机更新滞后

农田水利灌溉设施是我国社会十分重要的公共服务设施，是确保粮食生产安全的重要保障。目前，我国农田水利灌溉用水设施设备普遍存在使用年代过久、陈旧老化、超负荷运行等现象(图1-1、图1-2)。设施设备日常缺乏养护、尘土飞扬、锈迹斑斑，管线东拉西扯，管理房渗水发霉，设施的质量品质意识不强。有些地方管理人员对灌溉设施不仅没有绿色、低能耗的要求，还存在只要设备能启动、打水、运转就够了的观念。设施设备更新改造、有机更新严重滞后，甚至根本没有有机更新意识，还与美丽乡村、乡村振兴建设的要求格格不入。相当一部分灌溉设施在安全防护、用电、防淹等方面还存在严重的安全隐患，危及粮食生产安全。

（a）出水池现状　　　　　　　　　　（b）泵房内部现状

（c）水闸起吊设施现状　　　　　　　（d）电气设施现状

图 1-1　某泵闸站现状

图 1-2 某农田水利灌溉水渠现状

1.3.4 量水设施缺乏，管理依据不足

我国目前绝大部分地区还未建立农田水利灌溉用水计量管理制度，没有实施用水总量、分档水价、节约奖补等节水减排管理政策，相关管理部门也没有形成节水减排综合管理的调控机制，导致很多地方乡村农田水利灌溉没有安装量水设施，灌溉用水管理基本呈现"放任自流"的状态。有些地方虽然安装了灌溉用水电表、水表等设施，但灌溉用水远程在线计量等设施基本为空白。因此，农田水利灌溉量水设施需要通过规划予以配套，实现实时远程在线计量，建立信息化管理平台，加强监督考核，提高农田水利灌溉量水率，以提高农田水利灌溉用水的使用效能，促进节水减排，达到预定的规划目标。

1.3.5 成本水价较高，维修养护缺口

农田水利灌溉工程设施日常运营的维修、养护普遍无稳定的专项资金来源，导致农田水利灌溉泵闸站、山塘水库、末端渠系等农田水利灌溉工程设施无法开展正常的维修养护工作，有些地方的山塘水库日益淤积，泵闸站与渠系设施日久失修，农田水利灌溉设施几乎处于瘫痪状态，危及粮食生产安全。此外，现行的乡村农田水利灌溉极不重视水价成本，在经济条件较好的地区，财政还全额承担农田水利灌溉水费、电费等相关资金，滋生了群众对农田水利灌溉用水"零成本"的意识，在一定程度上助推了灌溉用水粗放型发展，提高了用水成本。

1.3.6 组织力量薄弱，管理水平低下

我国乡村农田水利灌溉管理终端基本上是以村委或村股份经济合作社管护为主，土地流转部分灌区由种植大户自行管理，乡村未建立完善的管理组织，也没有开展正常的业务培训工作，基本处于粗放型的管理状态。农田水利灌溉终端管理组织面临着机构不全、力量不强、职责不清、经费不足、制度未建立等一系列问题，导致农田水利灌溉用水缺乏统一调度，水资源浪费现象比较突出，有些地方灌溉高峰期用水矛盾纠纷比较突出。

2 规划总则

2.1 规划必要性

2.2.1 增强节水意识，促进集约用水

我国乡村农田水利灌溉用水主要来源于河流、山塘和水库等，灌溉用水方式有泵站机埠提水和堰坝水闸自流灌溉 2 类。通过实施农田水利灌溉发展规划，对农田水利灌溉用水明确灌溉定额指标，实行总量控制。灌溉用水时进行实时计量，定额指标内的用水可以维持现有的水费征收标准，超定额用水按分档、累进水价方式计费。对于灌溉节约用水的主体，可以根据节水幅度的大小，建议财政部门安排专项资金给予相应的节水奖励，享受因节约用水所带来的经济好处，但浪费用水的主体则将增加经济负担，以激励用水主体主动节水。通过建立"节水即奖励、浪费即收费"的机制，帮助农田水利灌溉主体实现从"水资源免费"到"水资源有价"的观念转变，激励农田水利灌溉主体集约用水，促进农田水利灌溉节水减排。

2.2.2 推进节水减排，助力美丽乡村

大力实施农田水利灌溉节水工作，一方面，要通过实施农田水利灌溉规划，提高农田水利灌溉水有效利用系数，从工程层面提高农田水利灌溉效率，节约的水量间接地增加了生态环境、城乡发展等其他方面的用水量。另一方面，通过降低农田水利灌溉用水量，特别是减少过量灌溉用水导致农田水土流失现象，由此减少水土流失所引起氮、磷、钾等排放到附近的河湖等水系而污染水体，有效解决农业面源污染问题，改善农村水生态环境，反过来又有利于提高灌溉水质量，提升农产品的品质，助力美丽乡村建设。

2.2.3　实施有机更新，传承水利文化

通过农田水利灌溉规划，有力推进现有农田水利灌溉设施设备的有机更新，对灌溉泵闸站、渠系的设施设备、安全防护、标识标牌、在线计量以及建筑室内外环境等整体面貌，有序实施全面的更新升级。此外，实施过程中，还要让农田水利灌溉设施的整体风貌设计，融入各地的城乡一体化发展规划、周边环境、当地乡土文化和建筑风格当中，塑造出"一村一品"的优秀水利工程文化风貌特色，与周边环境共同构成一幅绚丽多彩的田园图景，跃然于眼底，雀跃于心间。因此，在农田水利灌溉规划指导下，通过对灌溉设施实施有机更新，可以全方位、深层次、多视角地展示水利灌溉设施，让社会读懂水利灌溉设施，让冰冷的水利灌溉设施变得有温度，让久远的水利灌溉工程文化更加接地气，打造群众能看得见、摸得着且有获得感的水利灌溉设施"幸福图景"，为乡村振兴增添活力，助力"看得到潺潺碧水、赏得了田园风光、记得住悠悠乡情"的未来乡村建设，促进农田水利灌溉用水设施有深度、高质量、可持续发展。

2.2.4　依法用水管理，保障持续运行

目前，我国农田水利灌溉工程、末级渠系及配套工程等普遍缺乏稳定的维修养护资金，导致许多灌溉设施老化、严重失修、灌溉面积衰减、灌溉效率低下等一系列问题，农田水利灌溉工程不能持续有效运行，危及粮食生产安全。通过实施农田水利灌溉规划，一方面，通过明确灌溉用水管理主体和水利灌溉工程产权归属，强化管理主体的责任，进一步发挥村集体或村股份经济合作社的领导作用；另一方面，通过实施灌溉用水定额管理、总量控制，推行终端管理制度，建立合理的农田水利灌溉用水水权分配制度等一系列举措，健全长效机制建设，进一步推进农田水利灌溉工程良性运行，提高运行效能。

2.2.5　落实粮食安全，增强幸福指数

粮食安全是关系我国经济发展、社会稳定、国家自立的全局性重大战略问题，对于推进社会主义新农村建设、实现共同富裕和全面建成社会主义现代化强国具有十分重要的意义。通过农田水利灌溉发展规划，根据不同区域的气候条件、地形地貌、障碍因素和水源条件等，将相对集中、土壤适合农作物生长、无潜在地质灾害、能直接提供水利灌溉保障的区域，科学合理地划分为灌区，从而能有序引导高标准农田建设，促进耕地集中连片，提升耕地质量，稳定或增加有效耕地面积，稳定粮食生产规模；能进一步优化土地利用结构、粮食种植结构与布局，实现节约利用和规模效益；能深化完善水利灌溉基础设施，为农业生产提供优质的灌溉设施保障，推广应用先进的灌溉节水技术，改善农业生产条件，提高机械化作业水平，增强防灾减灾能力；能有利于提升农田水利灌溉用水生态环境，进一步加强农田生态建设和环境保护，提高粮食等农产品品质，保障粮食生产安全，实现农业生产和生态保护相协调；能有利于建立监测、评价和管护体系，落实灌区管护责任，实

现水利灌溉设施可持续高效利用，提高全民幸福指数。

2.2 规划任务目标

2.2.1 指导思想

围绕保障粮食安全、水安全、生态安全，深入贯彻"节水优先、空间均衡、系统治理、两手发力"的农田水利灌溉工作方针，牢固树立创新、协调、绿色、开放、共享的新发展理念，坚持政府和市场协同发力，坚持因地制宜、综合施策，以水土资源平衡为基础，以全面提高农田灌排保障能力为重点，以水网建设为依托，以高标准农田产能提升和绿色发展相协调，以体制机制创新与数字化改革为动力，以完善乡村农田水利灌溉工程体系为目标，以农田水利灌溉用水总量控制和定额管理制度为抓手，建立符合当地实际的农田水利灌溉价格形成机制和节水奖励、补助激励机制，促进农田水利灌溉供给侧结构性改革和农业现代化，提高农田水利灌溉效率，构建适应于高质量发展的现代化农田灌排体系，全面夯实粮食安全和农业现代化的水利基础，为高水平农田灌区发展、高品质农产品生产、全面走向共同富裕和全面建成现代化社会主义强国提供水生态环境保障。

2.2.2 基本原则

（1）坚持战略导向

聚焦国家粮食安全和重要农产品保障战略，充分挖掘改善灌溉条件和增加农田水利灌溉面积潜力，夯实粮食安全灌溉基础。

（2）坚持节水优先

把节水作为拓展灌溉发展空间的基础，强化农业节水增效，大力发展高效节水灌溉，全力提高灌溉用水的节约集约利用水平。

（3）坚持水土相适

强化水资源刚性约束，统筹考虑灌溉发展需求、水土资源条件，坚持量水而行、以水定地、水土平衡，科学确定灌溉发展规模及布局。

（4）坚持全面规划

坚持水源与灌区、改造与新建、骨干与田间、建设与管理等全面规划，统筹灌溉发展与生态环境保护，推进绿色发展。注重发挥灌区整体效益，大、中、小型灌区并重，强化灌区安全保障能力和生态文明建设。

（5）坚持创新驱动

强化体制机制与科技创新，不断激发灌溉发展活力。以实现灌区良性运行和科学用水为目标，将产权化、物业化、数字化改革贯穿灌区工作全过程，深化农业水价综合改革。贯彻智慧水利理念，加快完善灌溉管理体系，提升灌溉管理能力。

(6)坚持多规融合

坚持水土田粮生统筹,加强与国民经济和社会发展规划、国土空间规划、农业农村现代化规划、粮食及农产品布局规划、高标准农田建设规划等规划的协调衔接。

2.2.3　规划目标

统筹国土空间格局、区域水网格局、农业"两区"布局、种植业发展布局,以及地形地貌特征、水文气象条件、灌排工程格局、行政区划等,合理确定灌溉发展总体布局和分区。围绕各分区灌溉水源保障、灌溉水量配置、灌溉面积发展、灌区改造与新建、节水灌溉、粮食安全和重要农产品供给等,提出各分区发展重点与阶段目标,形成灌溉发展规划指标(表2-1)。

表2-1　　　　　灌溉发展规划指标汇总

序号	指标名称	单位	水平年	近期	规划期	远期规划年	备注
1	灌溉用水量(多年平均)	亿 m³					
2	地下水	亿 m³					
3	灌溉面积	万亩					
4	耕地灌溉面积	万亩					
5	高标准农田水利灌溉面积	万亩					
6	节水灌溉面积	万亩					
7	高效节水灌溉面积	万亩					
8	农田水利灌溉水有效利用系数	—					
9	灌溉用水计量率	%					
10	新增灌溉供水能力	亿 m³	—				
11	新增灌溉节水能力	亿 m³					
12	新增粮食生产能力	万 t					
13	大、中型灌区骨干工程配套率	%					
14	大、中型灌区骨干工程完好率	%					
15	大、中型灌区排涝达标率	%					
16	大、中型灌区智慧化覆盖率	%					

通过农田水利灌溉发展规划,着力解决农田水利灌溉主体节水意识淡薄、农田水利灌溉粗放式管理、农田水利灌溉工程设施管护资金不稳定、用水组织管理不到位等关键问题,促进农业节水减排,维护农田水利灌溉设施良性运转,保障粮食安全,促进生态文明

建设，助力乡村振兴。到规划期末，构建"设施完善、技术先进、管理科学、用水高效、生态良好、保障有力、富民惠民"的现代化灌排体系。结合当地实际，应明确提出包括灌溉面积指标、水量指标、工程指标、管理指标、综合指标等方面的具体指标，具体参考表2-2。

表2-2 主要规划指标表（参考）

序号	类别	指标名称	属性
1	水量目标	灌溉用水量/万 m³	约束性指标
2		新增灌溉供水能力/万 m³	预期性指标
3	面积目标	灌溉面积/万亩	约束性指标
4		新增农田水利灌溉面积/万亩	预期性指标
5		高标准农田水利灌溉面积/万亩	预期性指标
6		节水灌溉面积/万亩	预期性指标
7	工程目标	农田水利灌溉保证率/%	约束性指标
8		大、中型灌区灌溉骨干设施配套率/%	约束性指标
9		大、中型灌区灌溉骨干设施完好率/%	约束性指标
10		农田排涝达标率/%	约束性指标
11	管理目标	农田水利灌溉水有效利用系数	约束性指标
12		大、中型灌区标准化创建率/%	预期性指标
13		灌溉用水计量率/%	约束性指标
14		智慧化覆盖率/%	预期性指标
15	综合目标	新增粮食生产能力/万 t	预期性指标
16		新增灌溉节水能力/万 m³	预期性指标

通过规划，初步建立科学合理的农田水利灌溉水价形成机制，农田水利灌溉水价逐步提高或总体达到农田水利灌溉运行维护成本；强化农田水利灌溉基础设施建设，落实农田水利灌溉工程管护主体，基本建立农田水利灌溉节水奖励和精准补贴机制，逐步实现农田水利灌溉总量控制和定额管理，农田水利灌溉水有效利用系数明显提高；基本实现农田水利灌溉工程设施持续高效运行，农田水利灌溉主体的节水减排意识显著增强。为了确保实现规划目标，规划实施中，基层农田水利灌溉的组织管理，需要打好一套"组合拳"，具体可归纳为"一个用水组织、一本产权证书、一笔管护经费、一套规章制度、一册管护台账、一条节水杠子、一种计量方法、一把锄头放水"等"八个一"实施举措。

①一个用水组织：以行政村为单位，建立村级灌溉用水管理小组，落实放水员、维修养护人员，明确管理职责，承担村级农田水利灌溉日常管护职责。

②一本产权证书：以村集体资产的清产核资工作为基础，对村级山塘、泵站、闸站、堰坝、渠系等水利灌溉工程进行确权颁证，或赋码建立数字产权，明确产权主体，落实管护责任。同时，明晰产权归属也有利于村集体开展资产抵押、投融资等工作，为壮大村集体经济实力提供支撑。随着数字乡村建设发展，宜建立统一的农村集体"三资"监管系统，使村所有资产相关信息互联互通，实现村资产产权管理数字化。

③一笔管护经费：落实政府精准补贴和节水奖励等长效激励政策，通过年度绩效考核结果及时兑现奖补资金。同时，长效的财政激励政策有利于引导村级集体经济组织、农民专业合作社、家庭农场等各类主体积极加大农田水利灌溉设施建设和管护投入力度，起到"四两拨千斤"的作用。

④一套规章制度：建立健全村级水利灌溉用水管理组织运作章程、放水员和维修养护人员管理职责、节水奖励与精准补助资金使用管理制度、村级灌溉放水制度、田间工程管养等水利灌溉工程运行维护管理规章制度，为实施年度绩效考核、及时兑现节水奖励和精准补助等提供政策依据。

⑤一册管护台账：按照"八个一"要求建立健全放水管理、设施设备操作、维修养护记录等资料台账，按照财务制度要求兑现和使用奖补资金情况，妥善保管有关票据凭证等基础资料，做到各项票据齐全、台账规范。

⑥一条节水杠子：把全行政区域的农田水利灌溉用水总量控制指标，分解落实到各乡镇(街道)和行政村，并进一步分解落实到用水组织、用水大户、家庭农场等新型主体，以及每一座灌溉泵站、水闸、堰坝等。对照粮食作物、经济作物(蔬菜、水果)等用水定额"杠子"，督促放水员加强用水灌溉管理、科学用水调度、集约节约用水，并根据实施过程中节水幅度大小和绩效考核相关要求，兑现"实施有补、节水有奖、超额加价"等政策。

⑦一种计量方法：因地制宜合理选择典型灌区，在典型灌区中科学规划布局与建设用水计量设施。一般地，在实施高效节水灌溉建设、中低产田改造、高标准农田建设和粮食生产功能区、现代农业园区、农业可持续发展试验示范区建设等农田水利相关项目和推广节水技术时，应当同步配套规划建设灌溉用水计量设施内容。

⑧一把锄头放水：实行放水员灌溉管理责任制，具体做好泵闸站等灌溉设施运行、水量控制、灌溉巡查、渠沟清淤、工程养护、维修需求上报等日常工作，并根据放水员绩效考核情况，兑现奖励资金，推动节水减排工作认认真真地落到实处。

2.2.4 规划任务

针对规划区域农田水利灌溉发展的突出薄弱环节，从灌溉水源保障、大、中型灌区改造与新建、高标准农田建设、小型农田水利(小型灌区)建设、灌溉管理创新等方面，提出建设与管理任务(图2-1)。从加强组织领导、落实目标责任、推动前期工作、强化监督考核等方面，提出规划实施的保障措施。也可以简要概括为工程建设规划、终端管理规划、机制建设规划等。

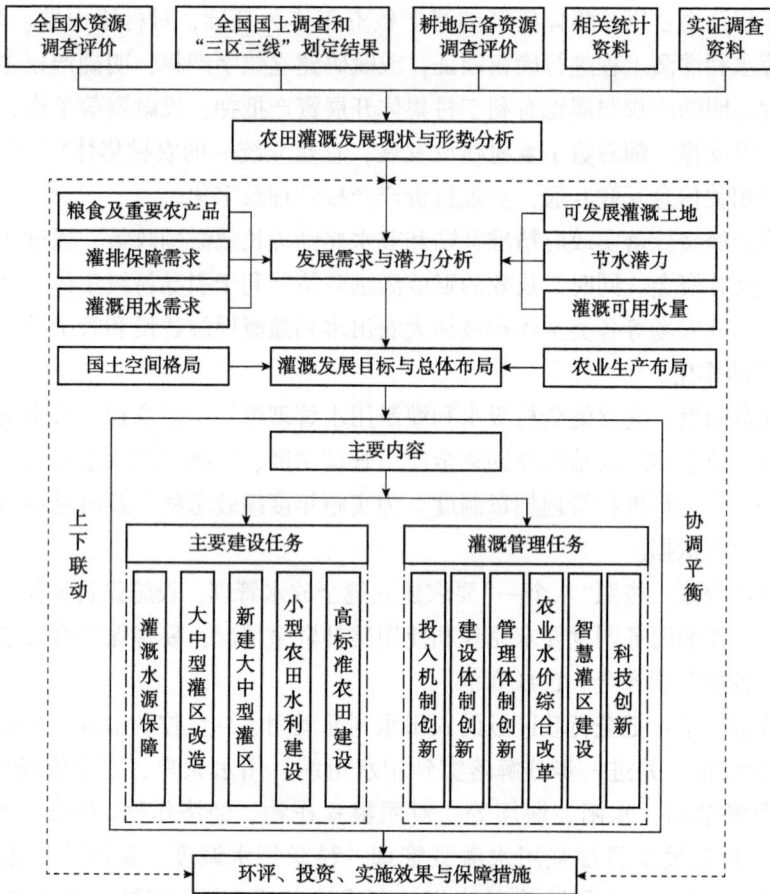

图 2-1 规划编制技术路线图

（1）工程建设规划

结合当地国土空间发展规划和相关政策要求，围绕完善项目法人制度、创新建管模式、强化建设监管等方面，提出创新灌区建设管理的主要任务，科学有序推进农田水利灌溉用水泵闸站、堰坝、渠系等水利灌溉工程设施的新建、改建、环境综合整治提升工作，完善各灌区用水配套设施及计量设施建设，达到提高农田水利灌溉水有效利用系数、深入推进节水减排的目的。工程建设规划应当与城乡空间国土的控制性详细规划相融合，绘制规划图则，制订规划控制相关技术指标（图 2-2），纳入国土空间规划管理"一张图"，为水利设施后续工程设计、建设和管理提供依据。

（2）终端管理规划

围绕明晰管护责任、健全管护机制、严格管护监管、推进农业适度规模经营等提出创新灌区运行管理的主要任务。建立村级水管小组，抓好日常用水管理，明确管理辖区内的农田水利灌溉工程建设计划（包括信息收集、工程规划建设实效、维修养护需求、数据统计等事务），执行农田水利灌溉定额，做好宣传科普教育，协调用水矛盾，配合乡镇（街道）制修订相关管理办法，科学使用精准补贴和节水奖励资金，管理和培训放水员等工作。

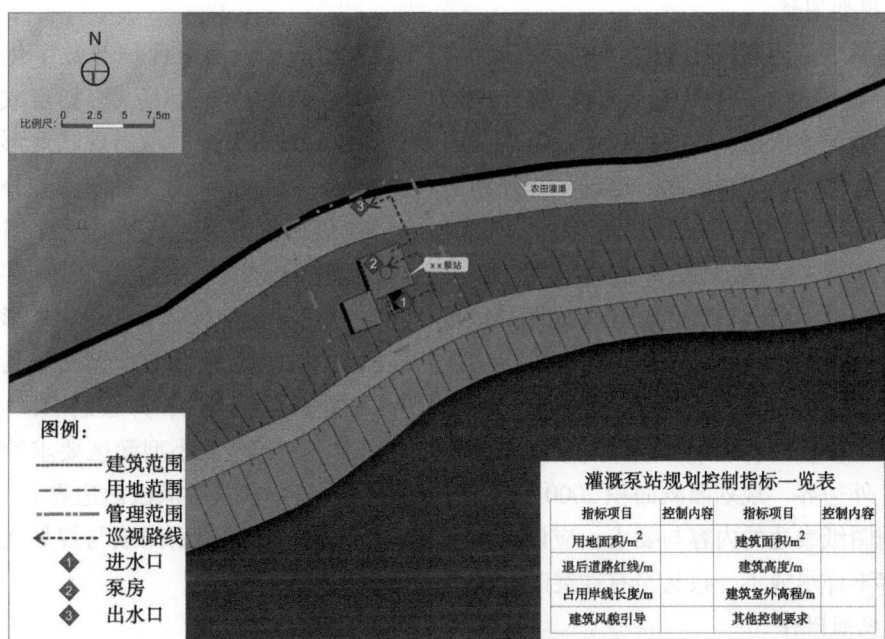

灌溉泵站规划控制指标一览表			
指标项目	控制内容	指标项目	控制内容
用地面积/m²		建筑面积/m²	
退后道路红线/m		建筑高度/m	
占用岸线长度/m		建筑室外高程/m	
建筑风貌引导		其他控制要求	

图例：
------- 建筑范围
----- 用地范围
——— 管理范围
←--- 巡视路线
① 进水口
② 泵房
③ 出水口

图 2-2　泵站设施规划控制图

（3）机制建设规划

综合测算农田水利灌溉用水的运行维护成本、用水主体承受能力等因素，合理确定当地农田水利灌溉用水价格，且该水价应基本反映或逐步提高到灌溉运行维护成本的水平，建立健全农田水利灌溉水价形成机制。为着力解决灌溉用水工程运行维护经费不足的问题，结合灌溉发展实际，坚持"两手"发力，充分发挥中央及地方财政投入引导作用、积极争取金融支持、广泛吸引社会投入，以及探索通过水权交易、新增灌区耕地指标筹集资金等拓宽灌溉发展投融资渠道。建立与种养结构、节水成效、财力状况等相匹配的农田水利灌溉精准补贴机制和节水奖惩机制，以提高用水主体、放水员等的节水积极性。

2.2.5　规划成果

乡村农田水利灌溉发展规划成果一般由规划文本、规划图纸和附件等 3 部分组成，成果应该附有规划设计单位名称和技术负责人签字、盖章等内容，并将灌区及灌溉面积等数字化信息规划成果按照"一张图"的格式数字化。经批准的规划成果应当纳入当地政府国土空间信息管理平台，图纸信息等一并纳入当地规划与自然资源行政管理部门日常业务审批管理的"一张图"中。

（1）规划文本

规划文本是业务主管部门履职审批管理的法定文件，应当以条文的方式，精准表述规划的意图、目标和对规划内容、结论、实施举措等方面提出的规定性要求，内容要明确，文字要简练，表达应当规范、准确、肯定、含义清楚，具有指导性和可操作性。

（2）规划图纸

规划图纸是用图像比较直观地表达现状和规划农田灌区及灌溉面积等数字化信息的"一张图"设计内容，应以国土调查成果、国土变更调查成果、"三区三线"划定成果、水利统计数据等为依据，绘制在近期最新现状图上，规划成果图上应显示出现状地形地貌情况，所表达的内容应当清晰、准确，与规划文本内容相一致。现状图、规划图和分析图应当分别表示，图例应当一致。图纸上应标注图名、比例尺、图例、绘制时间、编制单位等，符合国土空间规划统一的制图要求。建议绘图坐标系为"2000 国家大地坐标系（CGCS2000）"；已经有高清晰影像底图的区域，在自有底图上绘制；没有高清晰影像底图的区域，调用国家公共地理信息服务平台的最新遥感服务；建议使用专业制图工具进行绘制，如 SuperMap、ArcMap 等。一般地，绘制农田水利灌溉面积图层，并绘制灌区内边界、外边界。其中，大、中型灌区及规划灌溉面积 2000 亩以上（含）的小型灌区要求绘制灌区内边界、外边界，规划灌溉面积 2000 亩以下的小型灌区仅要求绘制灌区内边界。

规划图纸表达的内容与要求，应该与规划文本相一致。如果规划图纸与规划文本所表达的内容不详尽或不一致甚至有冲突时，应以规划文本为准。

（3）规划附件

规划附件包括规划说明书、专题研究和基础资料汇编。规划说明书应当与规划文本的条文相对应，并对规划文本条文做出详细论述，内容是分析现状、论证规划意图、解释规划文本等。重大专题研究成果及专项成果报告包括调查分析、预测模型等技术性分析文件，以及专题研究成果、阶段性咨询与反馈、审查会等。基础资料汇编应当包括规划编制中涉及的相关基础资料、参考资料及文件等。

2.3　规划范围与分区

2.3.1　规划范围

规划范围为本行政区，灌溉面积为耕地（水田）、林地、果园、牧草等灌溉面积之和。考虑到灌区的整体性，且耕地灌溉和林果草地灌溉紧密结合，规划以农田水利灌溉为重点，兼顾林果草地灌溉等比较明确的农业有效灌溉面积和区域。规划重点是农业"两区"（即粮食功能区、现代农业园区）和永久基本农田、集中连片以及对灌溉用水依赖性较强的农作物种植区、用水量较大的淡水养殖区等。

2.3.2　规划分区

（1）分区依据和原则

为了方便规划编制和实施建设管理，宜将规划范围划分成若干个区域。划分的一般原则是：

①因地制宜，综合考虑当地的经济发展、地形地貌、水资源禀赋、种植结构、农田水

利灌溉设施特点、农田水利灌溉方式、灌溉用水管理水平、农田水利灌溉合作组织等因素，经综合评定后划定。

②尽量以灌区为最小单元，不要人为分割，按照"能统则统、难统则分"的原则进行合理分区。

③所设分区应紧密联结乡镇、街道、村等行政区域，有利于农田水利灌溉工程设施的后续运营管理、维修养护，有利于促进农田水利灌溉节水减排，有利于加强终端用水管理。

（2）分区类别

根据规划范围的地形地貌，综合考虑到各灌区分布情况，可以分为平原区和山区等类别。有中型及以上灌区的，需要作为重点区域单独开展专项规划。下面以平原和山区2种分区类别为例，简要说明如何进行规划分区。

平原区基本上以河流、湖泊等为灌溉水源，灌溉方式一般为泵站(机埠)提水灌溉。该区经济发展较为发达，种植结构较为丰富，大多以水稻、小麦、油菜、蔬菜、水果、花卉、苗木、水产养殖等为主。

山区基本上以山塘、水库、河流、堰坝蓄水等为灌溉水源，自流灌溉为主，当自流灌溉无法满足作物用水需求时，采取泵站提水灌溉的方式辅助。因受地形限制，山区种植结构一般较为简单，大多以水稻、小麦、水果、花卉、苗木等为主。

在规划区范围内，农田水利灌溉发展规划的分区情况统计见表2-3。同时，应附分区情况示意图。

表2-3　农田水利灌溉综合规划分区情况表

序号	分区	有效灌溉面积/亩	涉及乡镇(街道)
1	平原区	1	××街道、××镇
		2	××街道、××镇
		3	××街道、××镇
		……	……
2	山区	1	××街道、××镇
		2	××街道、××镇
		3	××街道、××镇
		……	……

2.3.3　典型灌区选择

由于规划区域范围一般都比较大，水利灌溉工程设施量大面广，规划时一般需要运用"解剖麻雀"的思路，采取以点带面的方法，通过规划一些有代表性的典型灌区深入规划，积累经验，示范带动全域范围的规划。因此，在选择代表性的典型灌区时，需要根据规划区域的行政区域、分区特点、农业种植结构、农田水利灌溉工程设施状况、农田水利灌溉管理水平等情况，选择相对集中连片的、具有典型意义的灌区作为规划的典型灌区，选取的典型灌区要能全面体现该规划区域的特点。

典型灌区选择的一般要求是：①每个乡镇（街道）原则上至少选择一个典型灌区；②中型及以上水库灌区，必须选为典型灌区；③每一个典型灌区的有效灌溉面积在2000亩左右；④各典型灌区的总面积，须占本次规划行政区域面积的3%~5%。规划需要详细说明各典型灌区的农业种植结构、农田水利设施、量水设施、水费计收、产权关系、管理水平等现状和规划情况。各典型灌区情况汇总见表2-4。

表2-4　典型灌区情况汇总表

典型灌区所在位置		作物种类	有效灌溉面积/亩	灌溉方式	耕作方式	量水设施	备注
乡镇(街道)	村						
××街道	××村						
	××村						
	××村						
××镇	××村						
	××村						
	××村						

2.3.4　典型灌区代表性分析

在规划范围内，针对平原区、山区等各区域中典型灌区的现状特点，对它们的农田水利灌溉方式、种植结构、用水管理、农田水利设施、量水设施及日常维修养护等情况进行详细分析、研究，摸清其运行特点和规律，找出其存在的优缺点，为编制科学的全域规划提供借鉴。

3 水土资源供需分析

3.1 水土资源总量

3.1.1 水资源

(1)水资源分区

按照流域水系特点，结合流域分布及农业状况，明确灌溉取水主要水源，建议将规划区域划分为若干分区，计算各分区灌溉面积。

(2)水资源总量及可利用量

水资源总量是指当地降水形成的地表和地下产水量，即地表径流量与降水入渗补给量之和。地表水资源量是指河流、湖泊等地表水体中由当地降水形成的、可以逐年更新的动态水量，用天然河川径流量表示。地下水是指赋存于饱水带岩土空隙中的重力水（本次评价的地下水资源量是指地下水体中参与水循环且可以逐年更新的动态水量）。

水资源总量可采用下式计算：

$$W = Rs + Pr = R + Pr - Rg \tag{3-1}$$

式中，W 是水资源总量（万 m^3/年）；Rs 是地表径流量（即河川径流量与河川基流量之差值）（万 m^3/年）；Pr 是降水入渗补给量（地下水总排泄量）（万 m^3/年）；R 是河川径流量（地表水资源量）（万 m^3/年）；Rg 是河川基流量。

①地表水：地表水资源量通常是指当地河川径流量，包括河川径流量（为地下水资源量的一部分）。通过蓄满产流模型，经历年系列分析多年平均地表水资源量，按规划区人口（户籍人口），计算得出人均地表水资源量，以及空间分布、人均水资源量等特点。地表水资源来源于大气降水，其时空分布特点与降雨时空分布基本一致，即年际变化大，分析最大径流量、最小径流量、年内径流分布主要集中月份，其间径流量占全年径流量的比例、山区径流、平原径流量等特点。

②地下水资源量：包括浅层和深层地下水资源量。浅层地下水靠降雨和河川径流补

给，水体循环较快。深层地下水贮量有限，水体循环缓慢。地下水资源量受地质、地貌条件控制，分布极不均匀。地下水资源量主要包括天然资源量、灌溉回归补给量、侧向补给量。掌握规划区域内年平均地下水资源量。

③水资源总量：规划区域范围内的水资源总量是指当地降水形成的地表和地下产水量，即地表径流量与降雨入渗补给量之和。

水资源总量等于地表水资源量与地下水资源量之和再减去两者的重复计算量。计算公式如下：

$$W_{总} = W_{地表} + W_{地下} - W_{重复} \tag{3-2}$$

式中，$W_{总}$ 是水资源总量（万 m^3/年）；$W_{地表}$ 是地表水资源量（万 m^3/年）；$W_{地下}$ 是地下水资源量（万 m^3/年）；$W_{重复}$ 是重复量（万 m^3/年）。

由此计算规划区域地下水与地表水量，可以看出规划区域年平均总水资源量。

（3）现状水利工程的供水能力

现在农田水利灌溉各分区中平原区采用就近河道直接泵站提水方式为主，山区以堰坝引水、山塘水库自流灌溉方式为主，现状供水设施包括蓄水工程、引水工程、提水工程。其中，蓄水工程包括水库、山塘及河网湖泊等，引水工程主要包括堰坝、渠道等，提水工程包括农灌泵站。

①水库蓄水工程：规划区域境内水库数量、总库容量。

②山塘蓄水工程：规划区域境内山塘座数，包括普通、屋顶和高坝山塘及堤坝山塘（2.5~5.0m），土坝、土石坝等建筑物类型，总库容量等。

③农灌泵站：规划区域境内共有灌溉泵站座数、装机流量数等。

④堰坝引水工程：规划区域境内共有堰坝座数、引水流量、灌溉面积等。

⑤地下水：地下水以泉井为开采方式，由于过量开采地下水会引起地面沉降，所以尽量减少开采量，非特殊情况下规划不考虑或尽量少考虑地下水供水。

⑥不同水平年可供水量：规划区域可供水量主要由蓄水工程、引水工程、提水工程所组成（地下水可供水量不予考虑），水平年可供水量计算成果。

3.1.2 土地资源

（1）土地资源总量

调查规划区域耕地面积，农田有效灌溉面积，其中包括水田实灌面积、水浇地实灌面积、菜田实灌面积。根据当地国土空间规划，至规划年期内，因建设等占用耕地的同时通过土地开发整理复垦及耕地总量增减情况。如果耕地总面积没有增加，保持总量平衡，那么在进行水平年和远期规划水平年耕地预测时，可以仍旧维持现状规模数据不变来考虑。

（2）土地资源农业利用潜力

通过土地利用现状结构及预测成果分析，随着经济的不断发展和建设用地的增加，耕地占补平衡问题尤其是水田补充问题，将严重制约后续用地保障。因此积极实施垦造耕地的建设，通过废弃矿山用地复垦、农村建设用地复垦等途径，促进新农村建设的同时，形成耕地保护、城乡统筹、协调发展的土地资源可持续利用局面。

（3）可发展灌溉土地

基于规划区域灌溉基本情况等成果，按照数据闭合的要求，系统分析整理各基本单元水平年灌溉面积数据。

针对现有灌区，综合考虑国土空间规划，未来因建设占地、退耕、水源不足等灌溉面积减少因素，以及因续建配套改造等灌溉面积改善和增加因素，结合图上作业，合理分析各基本单元现有灌区灌溉发展潜力。

基于耕地面积和耕地灌溉面积，分析旱地面积分布情况，以旱地中有灌溉水源条件和确需灌溉的永久基本农田、高标准农田、农业"两区"等为重点，结合坡度和土层厚度等耕地资源质量分析、图上作业等工作，合理分析各基本单元可灌溉旱地潜力。结合各地水网建设、耕地后备资源等相关规划，以有灌溉水源条件和确需灌溉的耕地后备资源为重点，合理分析各基本单元可灌溉耕地后备资源潜力。

3.2 水土资源利用现状和需求预测

3.2.1 农业对水资源的利用现状

（1）种植面积

调查研究规划区域的耕地种植面积、种植结构情况。

（2）灌溉定额

根据有关农业用水定额标准，分析规划区域范围位于所在农田水利灌溉定额分区中的分区位置，确定各作物不同保证率用水定额。

规范定额值为充分灌溉条件下的用水定额，随着当地规划区域实际节水技术的发展和灌溉管理水平的不断提高，亩产量逐年稳定增长，在规范基数下可适当调整。

（3）农业需水量

农田水利灌溉用水保证率为50%、75%和90%，农业用水采用土地面积与灌溉定额进行预测，其中，要根据当地现状水平年灌溉水利用系数值，推算规划近期灌溉水利用系数值，远期规划年灌溉水利用系数值。

根据当地现状调查农田水利灌溉方式、有效灌溉面积、灌溉水利用系数，喷灌、滴灌等高效节水灌溉技术应用情况，以及农作物种植情况等分析研究，得出现状年作物需水量。

3.2.2 农业对土地资源的需求预测

根据规划区域山地、丘陵、平原、滩涂等地形类型，按照国土空间规划的要求，运用工程建设措施，通过土地开发整理复垦，实现耕地占补动态平衡。根据统计资料，获得当地耕地面积，包括水田面积、旱地面积等资料。根据当地国土空间规划，因建设等占用耕地的同时通过土地开发整理复垦及耕地总量情况，确定近期规划水平年和远期规划水平年耕地预测数据。

从严格保护耕地资源角度出发，必须坚持"十分珍惜、合理利用土地和切实保护耕地"

的基本国策，优先保护生态环境，统筹安排各类用地，从严控制城乡建设用地要求，对规划区域水田、旱地、经济园地等面积进行科学预测。

3.2.3　农业对水资源的需求预测

根据当地经济社会发展需求，按照农业用水定额，依据本地农作物种植制度和灌溉制度，分别预测到规划水平年灌溉保证率 $P=50\%$、$P=75\%$、$P=90\%$ 时的农田水利灌溉需水量及其他需水量。

3.3　水土资源供需平衡分析与评价

3.3.1　水土资源供需平衡分析

根据现状水平年的水供需状况，经调查和分析计算可知农业用水是否可以满足供需平衡要求。一般地，如果由于水源工程分布不合理、渠系工程存在渗漏老化失修等原因，灌溉水利用系数将普遍偏低，保证高用水率情况下，局部会存在缺水问题，因此，迫切需要对现存问题采取相应的工程措施加以解决，详见表 3-1。

表 3-1　某地现状水平年水资源供需平衡情况表　　　　单位：万 m³

水平年	保证率	分区名称	需水量	可供水量	平衡情况	
					余水	缺水
2017 年	$P=50\%$	××区	3336	9200	5864	—
		××区	2865	14628	11763	—
		××区	8533	71311	62778	—
		××区	4281	40106	35825	—
		××区	1435	9349	7914	—
	$P=75\%$	××区	4209	4305	96	—
		××区	3603	14666	11063	—
		××区	10488	70600	60112	—
		××区	5252	40106	34854	—
		××区	1754	9349	7595	—
	$P=90\%$	××区	4743	3397	—	1346
		××区	4062	14480	10418	—
		××区	11646	70474	58828	—
2017 年	$P=90\%$	××区	5837	40106	34269	—
		××区	1941	9349	7408	—

从表 6-1 可以看出，现状年在 50% 和 70% 保证率下均存在余水情况，但 90% 保证率下，有些区片会存在缺水问题，说明现状供水条件下，某地农业用水量大部分情况下是可以满足要求的。通过实地踏勘调查，农业用水实际也基本符合计算情况，计算结果基本合理，但考虑目前农田用水的实际情况，尤其是农业"两区"发展的情况来看，有些区片在较高保证率下还存在局部用水紧张的状况，主要有两个原因：一是供水工程设施不够完善，二是灌水技术不高，灌溉用水率低。所以，规划应在建设供水工程的同时，大力采用节水措施，以满足未来农田水利灌溉对水资源的需求。

3.3.2 水土资源供需评价

（1）土地资源供需评价

根据当地国土空间规划，因建设等占用耕地的同时，应该通过土地开发整理复垦等措施，保持耕地总量有所增加，以满足土地资源供需保持平衡的要求。

（2）水资源供需评价

由水资源供需平衡情况调查可知，当地规划区域水量是否丰沛，可供开发利用水资源是否充裕，农业用水所需水资源整体是否基本平衡，宏观上是否满足要求等。一般地，由于局部地块水利设施的分布、老化及区域产业发展需要等原因，普遍存在水利用系数偏低、水源保证率不高等问题。针对存在的问题，规划应有相应工程措施，全面提升农田水利的保障能力，从加大农田水利工程建设、转换农田水利灌溉方式、完善水资源管理运行机制等方面加强力量，增强供水能力，落实节水措施，实现科学用水、节约用水。

（3）节水潜力分析

①收集水资源调查评价、水资源公报等成果，系统整理近 10 年来各基本单元农田水利灌溉水有效利用系数、亩均实际灌溉用水量等用水效率数据，分析当前灌溉节水水平。

②按照当地节水规划及节水控水目标要求，统筹考虑灌区节水改造与高效节水发展、农业用水定额标准等，合理确定规划水平年灌溉用水效率等节水目标。节水指标应与内部不同类型灌区、不同灌溉方式的指标相协调。

③结合当前灌溉节水水平及规划水平年节水目标，衔接灌区骨干工程与田间工程节水改造等建设和管理任务，科学分析保有灌溉面积的节水潜力。

（4）灌溉可用水量

①收集水资源调查评价、水资源公报等成果，系统分析整理近 10 年来各基本单元供用水量、灌溉用水量等数据。

②以用水总量控制目标为基础，统筹考虑本地水和外调水，根据各级水资源保护和开发利用、水安全保障、水网建设等规划及江河流域水量分配方案、地下水管控指标等成果，结合近年供水量及供水结构，合理确定规划水平年的分水源可用水量。规划水平年可用水量原则上不突破规划年用水总量控制目标。

③参照各地水资源、水中长期供求、水安全保障、水网建设等规划的水资源供需平衡

分析成果，结合粮食安全和重要农产品供给的灌溉保障要求，以及近年用水结构、灌溉用水量的变化情况和节水潜力分析，按照"总量控制、三生统筹、高效利用、合理配置"的原则，合理确定规划水平年的灌溉可用水量。

④充分考虑现有灌溉水源挖潜、未来灌溉水源建设，按照灌溉可用水量落实到水源工程的要求，合理确定规划水平年分水源灌溉可用水量。

综合考虑江河流域合理开发、河道内生态环境需水量，坚持蓄引提结合灌溉、当前供水量和新增供水量统筹，扣除生活、工业、人工生态环境补水等用水量，合理确定可用于灌溉的水量，并与相关规划成果相衔接。按照先节水后调水、先挖潜后调水的原则，结合现有及规划跨区域、跨流域调水工程情况，扣除生活、工业等外调水量，合理确定可用于灌溉的外调水量。结合现状及有关规划情况，合理确定雨水集蓄利用等非常规水可用于灌溉的水量。

(5)水土资源综合评价

在可发展灌溉土地、节水潜力、灌溉可用水量分析的基础上，坚持以水定地、水土相适，衔接灌区改造与新建规划等成果，综合分析水土资源及生态平衡状况，合理确定规划水平年灌溉发展水资源配置方案。

通过对水土资源供需平衡分析，得出规划区域农田水利工程建设区内水资源是否充沛，当前水利工程规模是否可以满足远期用水需求。一般情况下，由于某些区片在90%保证率下可能会存在局部用水紧张的状况，主要是因为水利用系数偏低、水源保证率不高、水利设施老化失修等，随着规划工程的实施将会改善规划区域农业用水状况，通过有效的工程措施，可充分地开发和利用水土资源，促进农业经济的持续稳定地发展。

3.3.3 农田水利灌溉水质分析与评价

我国农田水利灌溉用水对地表水环境质量、地下水质量、绿色食品产地环境技术条件、有机食品技术等灌溉水质都提出了相应的标准要求。其中：

(1)地表水环境质量标准

按照地表水的功能分类和保护目标，规定了水环境质量应控制的项目、限值，以及水质评价、水质项目的分析方法。该标准适用于江河、湖泊、运河、渠道等具有使用功能的地表水水域，并且依据水域功能，将地表水划分为5类（Ⅰ～Ⅴ类），其中Ⅴ类适用于农业用水水域。采用地表水为农业用水水源时应符合地表水环境质量标准Ⅴ类水质标准。

(2)地下水质量标准

根据我国地下水水质现状、人体健康基准值及下水质量保护目标，将地下水质量划分为5类（Ⅰ～Ⅴ类）。采用地下水为农业用水水源时应符合地下水质量有关标准规定：Ⅰ类主要反映地下水化学组分的天然低背景含量，适用于各种用途。Ⅱ类主要反映地下水化学组分的天然背景含量，适用于各种用途。Ⅲ类以人体健康基准值为依据，主要适用于集中式生活饮用水水源及工业、农业用水。Ⅳ类以农业和工业用水要求为依据，除适用于农业和部分工业用水外，适当处理后可作生活饮用水。Ⅴ类不宜饮用，其他用水可根据使用目的选用。从以上分类要求看出地下水规定的水体用途比较笼统，可以说地下水Ⅰ~Ⅴ类都可适用于农业用水。

（3）农田水利灌溉水质标准

该标准规定了农田水利灌溉水质要求、监测和分析方法，适用于全国以地表水、地下水和水处理后的养殖业废水及农产品为原料加工的工业废水作为水源的农田水利灌溉用水。该标准将控制项目分为基本控制项目和选择性控制项目，基本控制项目适用于全国以地表水、地下水和水处理后的养殖业废水及农产品为原料加工的工业废水作为水源的农田水利灌溉用水；选择性控制项目由县级以上人民政府环境保护和农业行政主管部门，根据本地区农业水源水质特点和环境、农产品管理的需要进行选择控制，所选择的指标作为基本控制项目的补充指标。

农田水利灌溉水质标准的目的是保护农作物及土壤生态环境，而地表水环境质量标准中的Ⅴ类水域不仅考虑了农作物保护，同时还考虑了地面水环境基本生态保护要求。因此，农田水利灌溉水质标准只能用来评价用作农灌的水是否符合要求，并对其进行监督管理，而地表水环境质量标准用来评价和管理标准中规定的农业用水水区。综合考虑以上分析，农业用水建议采用地表水环境质量标准中规定的Ⅴ类及以上要求。

目前，我国相当多的一些地区，存在河流污染比较严重的情况，超标项目多为氨氮、总磷，主要来源于生活源，部分河流同时受农业面源影响。因此，水质型缺水的地区，应积极查找污染原因，提出整改方案并狠抓落实，确保辖区内水质得到有效改善。

3.4 总体评价

通过分析现状，需要对规划区域水资源情况进行总体分析评价，由此可知规划区域的水资源是否丰富，农田水利灌溉取水是否可以满足要求，在90%保证率下是否存在区域性缺水问题，是否存在水利用系数偏低、水源保证率不高、水利设施老化失修、水资源开发利用程度较低、灌溉水水质未达标等问题，是否需要从加大农田水利工程建设、实施高效节水工程、转换农田水利灌溉方式、加大河道水质治理力度、完善水资源管理运行机制等方面，进一步加大力度，开展农田水利灌溉发展规划，增强供水能力，落实节水措施，提高用水保障率，减少水资源浪费，实现科学用水、节水减排，增强规划区域的总体供水能力。

在水土资源平衡分析的基础上，按照集中连片的原则，考虑可实施性、经济合理性及实施影响等因素，分析现有灌区改造提升、已有旱作耕地发展灌溉、耕地后备资源开发利用等方式增加的灌溉面积及空间分布情况。综合信息见表3-2和表3-3。

表3-2　　水土资源平衡分析（多年平均）

水资源四级区名称	水资源四级区代码	规划行政区名称	规划行政区代码	水平年	河道外可用水总量/万m³ 灌溉用水量 合计	地下水灌溉水量 耕地用水量 小计	灌溉面积/万亩 耕地灌溉面积 合计 小计 水田	水浇地	高标准农田	远期规划年较现状年变化情况/万亩 新增灌溉面积 合计	耕地灌溉面积 小计 旱地	后备资源	其他	减少灌溉面积 合计	耕地减少灌溉面积	改善灌溉面积 合计	耕地改善灌溉面积	农田水利灌溉水有效利用系数	备注
				现状					—									—	
				2035					—					—	—	—	—	—	

表3-3　　水土资源平衡分析（设计灌溉保证率水平）

水资源四级区名称	水资源四级区代码	规划行政区名称	规划行政区代码	水平年	河道外可用水总量/万m³ 灌溉用水量 合计	地下水灌溉水量 耕地用水量 小计	灌溉面积/万亩 耕地灌溉面积 合计 小计 水田	水浇地	高标准农田	远期规划年较现状年变化情况/万亩 新增灌溉面积 合计	耕地灌溉面积 小计 旱地	后备资源	其他	减少灌溉面积 合计	耕地减少灌溉面积	改善灌溉面积 合计	耕地改善灌溉面积	农田水利灌溉水有效利用系数	备注
				现状					—									—	
				2035					—					—	—	—	—	—	

4 工程建设规划

4.1 灌溉工程规划

4.1.1 规划原则

(1) 开源节流

围绕现有灌溉水源工程除险加固、清淤扩容、挖潜改造，以及针对重大引调水工程、水源工程、区域供水工程、水系连通工程等新建灌溉水源工程，提出灌溉水源工程布局和建设任务。摸清难易程度、找准重点，逐步完善农田水利灌溉工程设施，科学合理配套用水量水设施。树立水资源、水商品意识，有利于加快建立农田水利灌溉价格形成机制、精准补贴机制和节水奖励机制。

(2) 量力而行

在现有灌溉水源工程体系的基础上，结合灌溉水源配置方案成果，按照"先挖潜、后新建""大中小微并举、蓄引提调结合"以及灌溉水量落实到水源工程、水源工程与灌区工程匹配的要求，衔接国土空间规划，进行水源工程谋划。由于农田水利灌溉设施量大面广，工程实施投入量大。因此，宜重点确保规划新建的农田水利灌溉工程和农业"两区"以及"非粮化""非农化"整治的区域先行建设，通过示范引领，带动整个区域范围内的规划建设工作。

(3) 提升品质

要结合水利发展情况，系统完善灌溉设施，在水利工程、设施设备、标识标牌、环境景观等设计风格、材料、色彩等方面彰显当地文化内涵，提升工程品质，把农田水利灌溉工程打造成美丽乡村的景点，并穿点成线形成景观廊道，助力让乡村"网红"走向乡村"长红"、把乡村产品变成乡村产业、把乡村打卡变成乡村刷卡、把乡村过路变成乡村过夜、把乡村人气变成乡村财气、把乡村单赢变成城乡共赢，助推乡村振兴。

(4)探索机制

面对水利灌溉工程建设资金短缺问题，宜多渠道筹措，积极探索"民办公助，先建后补"等模式，全面推进农田水利灌溉工程的规划建设，提高规划区域的农田水利灌溉效率，提升农田水利灌溉管理水平。

4.1.2　基本要求

①灌溉用水工程指为防治农田旱、涝、渍和盐碱等对农业生产的危害所修建的水利设施，应遵循水土资源合理利用的原则，结合各级水资源开发利用与保护、水中长期供求、水安全保障、水网建设等规划成果，根据旱、涝、渍和盐碱综合治理的要求，结合田、路、林、电等进行统一规划和综合布置。

②灌溉设施应配套完整，符合灌溉水位、水量、流量、水质处理、运行、管理等要求，满足农业生产的需要。

③灌溉工程设计时应依据国家、行业标准和当地相关技术规范，包括灌溉水源建设、灌区节水改造、灌溉排水工程设计、节水灌溉工程技术、渠道防渗、泵站设计以及灌排工程技术管理等方面。设计时首先确定灌溉设计保证率、农田水利灌溉水有效利用系数、农田排涝标准等，并严格按照有关要求执行。

④灌溉水源选择应根据当地实际情况，选用能满足灌溉用水要求的水源，水质应符合有关标准规定。水源利用应以地表水为主，地下水为辅，严格控制开采深层地下水。水源配置应考虑地形条件、水源特点等因素，合理选用蓄、引、提或组合的方式。水源工程应根据水源条件、取水方式、灌溉规模及综合利用要求，选用经济合理的工程形式。

⑤合理规划工程项目清单"一张表"。对灌溉工程建设项目的近期、中期、远期等各个阶段的计划安排，应结合当地水利发展情况统筹平衡，远近结合，综合规划，科学合理安排出各个工程项目性质、工程规模、投资费用、实施时序等项目清单，形成规划"一张表"。

4.1.3　工程类型

根据灌溉发展的总体布局和规模，以及高标准农田建设的目标和要求，按照灌区建设与高标准农田建设统筹规划、协同实施的原则，以及旱、涝、洪、渍系统治理的要求，衔接国土空间规划，提出灌排发展的主要建设任务。

(1)大、中型灌区改造

①在全面摸清大、中型灌区建设短板的情况下，基于经水土平衡确定的灌区规模，结合有关规划成果，梯次推进大、中型灌区续建配套与现代化改造工作。

②结合灌溉、排涝、降渍等能力的复核，以及配套情况、完好情况、安全情况、节水情况等的调查评价，按照"能连则连""能延则延"的原则，提出灌排骨干工程续建配套与现代化改造任务。

③综合考虑节水现状、规划水平年节水目标等因素，结合有关规划成果，因地制宜提出高效节水灌溉等田间工程任务。

大、中型灌区改造工程项目简介，包括基本情况、规划依据及建设必要性、前期工作情况、工程建设主要任务与规模、主要建设内容、工程占地及移民安置、工期、工程投资及资金筹措和相关图件等。相关信息见表4-1。

（2）新建大、中型灌区

基于经水土平衡确定的灌区规模，结合国家、省关于现代化灌区建设相关部署，以及各级水安全保障、水网建设等有关规划成果，强化水源工程与灌区工程配套、骨干工程与田间工程同步，提出新建大、中型灌区任务。新建大、中型灌区建设项目简介，包括基本情况、规划依据及建设必要性、前期工作情况、工程建设主要任务与规模、主要建设内容、工程占地及移民安置、工期、工程投资及资金筹措和相关图件等，相关信息见表4-2。

（3）小型灌区农田水利建设

基于经水土平衡确定的灌区规模，以规划区域行政区为单元，以高标准农田的分布为基础，按照"能合则合、能并则并"的原则，综合考虑节水现状、节水目标等因素，提出小型农田水利（小型灌区）的建设任务，有关信息汇总见表4-3。

针对单个或合并后达到2000亩以上的小型灌区，应重点分析其建设任务，项目简介包括基本情况、规划依据及建设必要性、前期工作情况、工程建设主要任务与规模、主要建设内容、工程占地及移民安置、工期、工程投资及资金筹措和相关图件等，有关信息汇总见表4-4。

乡村农田水利小型灌溉工程，量大面广，在灌区中起着非常重要的作用，但因为它的规模"小"而往往不引起重视。规划编制中，要紧密结合当地社会经济发展规划、水利规划和农田水利灌区标准化、物业化、信息化等规划要求，以保障粮食安全生产为核心，以农业"两区"以及"非粮化""非农化"整治等为重点，以助力乡村振兴为目标，开展全域农田水利灌溉工程设施的规划，把小型灌溉工程纳入"一盘棋"逐步实施建设，并统计汇总农田水利灌溉工程规划建设表（表4-5）。

①山塘水库工程：山塘水库承担着农田水利灌溉、农民饮水、农村环境、农居消防等综合功能，是"三农"赖以生存的基础。以用水问题为导向，以保障粮食安全、提高防灾减灾能力、消除自然灾害对人民群众生命财产安全为目标，根据现有山塘水库的分布、数量、规模、资金投入、管理水平等情况，提出规划期间需要实施山塘水库规划建设工程的具体内容、工程量、投资等内容。

②圩区（低洼区）用水工程：加强平原圩区灌溉用水工程设施规划建设，着力解决圩区存在灌溉设施的标准偏低、与粮食安全生产及当地经济社会发展要求不相适应的问题，有序推进泵闸站设施的建设，进一步完善平原圩区（低洼区）的农田水利灌溉体系建设。同时，也要根据圩区防洪排涝工程设施规划，提出规划实施排涝泵闸站、整治加固堤防等的工程内容、数量规模、投资估算等，提高圩区（低洼区）的粮食生产安全设施标准。

表 4-1   大、中型灌区续建配套与现代化改造规划

序号	灌区名称	类型	所在水源四级区名称	现状灌溉面积/万亩		规划年灌溉面积/万亩			规划年较水平年变化情况/万亩											规划年灌溉用水量/万 m³			备注
				合计	耕地灌溉面积	灌溉面积		高标准农田	新增灌溉面积					减少灌溉面积		转换灌溉面积				改善灌溉面积		灌溉用水量		地下水灌溉水量	
						合计	耕地灌溉面积		合计	耕地灌溉面积				合计	耕地减少灌溉面积	转入		转出		合计	耕地改善灌溉面积	合计	耕地灌溉用水量		
										小计		其他				合计	耕地转入灌溉面积	合计	耕地转出灌溉面积						
										旱地	后备耕地														
全县合计																									
1																									
2																									
……																									

规划期续建改造任务

	规划年排涝面积		新增节水灌溉面积		灌排骨干工程主要建设内容	管理服务	规划及前期工作情况				效益/万元			投资/万元	
	合计	达标面积	合计	高效节水灌溉面积		智慧灌区建设	规划依据	前期工作情况	开工年份	完工年份	新增供水能力	新增节水能力	新增粮食生产能力	灌排骨干工程投资	合计
					—	—	—	—							

表4-2 新建大、中型灌区规划

序号	灌区名称	类型	所在水资源四级区名称	设计灌溉面积/万亩		水源保障				规划年达到的灌溉面积/万亩									高标准农田	备注
						大、中型水源		小型水源		原有灌溉面积		改善灌溉面积		新增灌溉面积						
				合计	耕地灌溉面积	名称	灌溉供水量	数量	机电井数量	小计	耕地	小计	耕地	合计	耕地灌溉面积			其他		
															小计	旱地	后备耕地			
1																				
2																				
……																				
规划区合计							—													

灌溉年灌溉用水量/万m³		灌排骨干工程主要建设内容	新增节水灌溉面积		管理服务	规划期续建任务				效益/万元			投资/万元	
						规划及前期工作情况								
合计	地下水灌溉水量		合计	高效节水灌溉	智慧灌区建设	规划依据	前期工作情况	开工年份	完工年份	新增供水能力	新增节水能力	新增粮食生产能力	合计	灌排骨干工程
—	—				—	—	—	—	—					

水利与农业农村部门联合填报

35

表 4-3 _____ 小型农田水利建设规划

序号	乡镇(街道)名称	所在水资源四级区名称	现状灌溉面积/万亩 灌溉面积 合计	耕地	规划年灌溉面积/万亩 灌溉面积 合计	耕地	高标准农田	规划年较现状水平年变化情况/万亩 新增灌溉面积 耕地灌溉面积 合计	小计	旱地	后备耕地	其他	减少灌溉面积 合计	耕地	转换灌溉面积 转入 合计	耕地	转出 合计	耕地	改善灌溉面积 合计	耕地	规划年灌溉用水量/万m³ 灌溉用水量 合计	耕地	地下水灌溉水量	规划期建设任务/万亩 新增节水灌溉面积	高效节水灌溉 合计	总投资/万元	效益/万元 新增供水能力	新增节水能力	新增粮食生产能力	备注
规划区合计																														
1																														
2																														
……																														

表 4-4 _____ 新建 2000 亩以上小型灌区规划

序号	灌区 名称	类型	所在水资源四级区名称	设计灌溉面积/万亩 合计	耕地	水源保障 大、中型水源 名称	灌溉供水量	小型水源 数量	机电井 数量	规划年达到的灌溉面积/万亩 原有灌溉面积 改善灌溉面积 小计	耕地	合计	耕地	新增灌溉面积 耕地灌溉面积 小计	旱地	后备耕地	其他	合计	高标准农田
规划区合计							—												
1							—	—	—										
2							—	—	—										
……							—	—	—										

表 4-5　农田水利灌溉工程规划建设表

序号	规划建设期	乡镇（街道）	山塘					堰坝					小型泵站					沟渠					投资合计
			容积1万~10万m³		容积500~10000m³		投资	新建		有机更新		投资	新建		有机更新		投资	灌溉渠道		渠系建筑物	排水沟	投资	
			数量	容积	数量	容积		数量	流量	数量	流量		数量	装机	数量	装机		长度	其中防渗长度	数量	长度		
			/处	/万m³	/处	/万m³	/万元	/处	/(m³/s)	/处	/(m³/s)	/万元	/处	/kW	/处	/kW	/万元	/km	/km	/处	/km	/万元	/万元/万元
		合计																					
1	××年	××镇																					
2	××年	××镇																					
3	××年	××街道																					
4	××年	××街道																					

③农田水利节水灌溉工程：以农业"两区"高效灌溉工程规划为重点，大力推进农田高效节水灌溉工程建设，提高农田水利灌溉水有效利用系数，进一步挖掘集约用水潜力。规划期间实施水稻田、坡耕地高效节水（如坡耕地雨水集蓄、旱粮喷灌、水稻区管道灌溉等工程）等工程设施，明确设施分布、内容、数量、规模、投资等（图4-1）。

图4-1　高效节水灌溉设施

④小型农田水利灌溉工程：全面开展小型农田水利灌溉工程规划，建设一批万立方米以下小山塘、小堰坝、小泵站（机埠）、水闸和小沟渠等灌溉工程，加快末级灌溉渠系规划建设和田间工程配套，完善灌排体系和小桥改建等，提出规划建设工程的分布、内容、数量、规模、投资等。灌溉机埠、灌溉水闸、灌溉渠系工程等小型农田水利灌溉工程量大面广，是十分重要而又不被关注的农田水利灌溉设施，将在4.2及后续各章节中将列为专题分别予以重点阐述。

⑤河湖库塘清淤工程：河湖库塘清淤工程是确保农田水利灌溉有效用水的重要环节之一，也是提升农田水利灌溉用水品质、保障灌溉水域生态环境质量的一项重要举措。规划应紧密结合低影响开发建设、农村河湖库塘水域整治等工程情况，编制河湖库塘清污（淤）工程规划建设的内容、数量、规模、投资等，建立健全清污（淤）轮疏工作机制，利用每年冬修水利的有利时机，有效清除河湖库塘污泥，恢复水域原有功能，实现河湖库塘淤疏动态平衡，确保农田水利灌溉设施每一个环节高效运转。

4.2　灌溉泵站规划

灌溉泵站工程内容包括泵房、水泵、进出水相关设施、电机、电气设备、控制柜以及其周边环境景观等。

4.2.1 泵房

①泵房布置应根据泵站的总体布置要求，经技术经济比较确定，应符合下列规定：

a. 满足机电设备布置、安装、运行和检修要求。

b. 满足通风、采暖和采光要求，并符合防火、防盗、防潮、防积水、防噪声、节能、劳动安全与工业卫生等技术规定的相关要求。

c. 泵房面积应满足机组安装和检修要求，不宜小于 $5m^2$。

d. 对于有机更新的泵房，应进行地基应力和抗滑、抗渗稳定复核，不满足要求的应采取工程措施进行加固和处理。

②泵房内部要求面貌良好，干净整洁；管线排布规范整齐，各类制度牌统一上墙；机电设备无尘垢、油垢和锈迹，铭牌完整、清晰。

③泵房建筑宜采用节能型建筑材料，包括新型墙体材料、防水材料、保温材料等。

④进出泵站道路便利、通畅，满足机电设备运输、工程日常运行管理需要。

⑤明确工程管理范围，管理范围内应进行绿化美化；宜设置通透栅栏，不宜设置通透栅栏的户外设施宜设置围栏，栅栏和围栏高度不宜低于 1.2m。

⑥泵房建设定位要协同创新，凸显优秀水利文化，塑造新动能、新优势，加快实现量的突破和质的跃升；要与美丽乡村建设相结合，泵房实用、经济、美观，做到布局合理，建筑形式、风格、色彩、材质等宜融入当地建筑特色，与周边环境相协调，与乡村文化相适宜，厚植本土文化，实现乡村由表及里、形神兼备的全面提升，使泵站工程设施更好地服务好农业、农村、农民，打造农文旅综合体，助力乡村振兴，让泵站工程设施成为幸福河湖、美丽乡村的一道靓丽的风景线，一体推进农业现代化和农村现代化，建设宜居宜业和美乡村。泵站风貌设计类型有：墙绘型图(图4-2、图4-3)、便民休闲型(图4-4、图4-5)、历史传承型(图4-6、图4-7)、承古出新型(图4-8)、文艺清新型(图4-9)、文艺浪漫型(图4-10)、网红打卡型(图4-11、图4-12)、科普公园型(图4-13)、有机更新型(图4-14～图4-16)。

图4-2 墙绘型泵站(1)　　　　　图4-3 墙绘型泵站(2)

图 4-4　便民休闲型泵站（1）

图 4-5　便民休闲型泵站（2）

图 4-6　历史传承型泵站（1）

图 4-7　历史传承型泵站（2）

图 4-8　承古出新型泵站

图 4-9　文艺清新型泵站

图 4-10　文艺浪漫型泵站

图 4-11　网红打卡型泵站(1)

图 4-12　网红打卡型泵站(2)

图 4-13　科普公园型闸站

图 4-14　有机更新型泵站(1)

图 4-15　有机更新型泵站(2)

图 4-16　有机更新型泵站(3)

4.2.2　进出水构筑物

①引水渠、进水池和进水流道等泵站进水构筑物的规划，应避免产生脱流、偏流、漩涡、回流、脱壁、汽蚀和振动等危害。

②进水池规划设计应使池内流态良好，满足水泵进水要求，便于清淤和管理维护。

③进水池、出水池应充分考虑使用过程安全性，应封闭或设置安全护栏，护栏高度不

宜低于 1.2m。

4.2.3 金属结构及机电设备

①泵站机电设备和金属结构应选用技术成熟、高效节能的产品，应符合国家现行标准，即电机效率应达到 80% 以上。

②泵站有机更新时，更新的机电设备及金属结构等应与原有水工结构、设备、设施等合理衔接。

③进水室进口宜根据泵型设置检修闸门，并配备必要的起吊设备（包括吊车轨道、电动葫芦等）。

4.2.4 水泵

①应选择工作性能安全可靠、技术先进、高效区范围宽且效率高的泵型，可考虑选用混流泵、轴流泵、离心泵、潜水泵等。净扬程小于 3m 的小型泵站，设计工况下装置效率不低于 50%；净扬程大于 3m 的小型泵站，设计工况下装置效率不低于 55%。

a. 满足设计流量、设计扬程和不同时期灌排水的要求；

b. 最高和最低扬程运行时，能安全稳定运行，不应有明显的振动和汽蚀现象。

②泵机组的外露转动部件（联轴器、带和带轮等）应设置安全防护罩或在泵机组外围设置隔离设施。

③水泵型号说明：200QZ（DLHWG）BX（S）500-9-22 其中，200 指水泵名义口径200mm；Q 指"潜水"第一个拼音字母；Z 指轴流；D 指多用；L 指离心；H 指混流；W 指污水；G 指贯流；B 指"泵"拼音第一个字母；X 指进水口在电机下端；S 指进水口在电机上端；500 指额定流量 500m³/h；9 指额定扬程 9m；22 指电机功率 22kW。

④水泵的计算方法如下：

a. 水泵设计流量

水泵设计流量即为灌水渠设计流量，计算公式如下：

$$Q = \frac{q_s A_s}{\eta_s} \tag{4-1}$$

式中，Q 是续灌渠道的设计流量（m³/s）；q_s 是设计净灌水率[m³/(s·亩)]；A_s 是该渠道灌溉面积（亩）；η_s 是灌溉水利用系数。

其中，设计净灌水率：

$$q_s = m \times \alpha / (3600Tt) \tag{4-2}$$

式中，m 是一次灌水净灌溉定额（m²/亩）；α 是某种作物种植面积与总灌溉面积之比，如为水稻，则取 1；T 是一次灌水的延续时间（天），取 5；t 是每天灌水的时间（h），取 13。

b. 水泵设计扬程计算

泵站设计扬程：

$$H_P = Z_d - Z_s + H_损 \tag{4-3}$$

式中，H_p 是水泵设计扬程（m）；Z_d 是灌水渠渠底高程（m）；Z_s 是水源水面高程（m）；$H_损$ 是管道水头损失（m），取总水头差的 15%。

水泵选型参考《中小型轴流泵》（GB/T 9481—2021）等规程。

4.2.5 电动机

①电动机除应满足容量和起动特性等要求外，功率、转速、转向及传动方式应符合水泵配套的要求，保证机组工作安全高效、节能，同时便于维修管理。

②对于泵站扬程或流量变幅较大，超过水泵正常工作范围的电动机，宜采用变频器或其他调速装置。

③水泵与电动机之间的连接应结构简单、安全可靠、传动平稳、效率高。

4.2.6 电气设备

①泵站输电线路应根据工程的重要性，确定合理的布设方案。电气主接线应根据供电系统的要求以及泵站规模、运行方式、重要性等因素合理确定，接线应简单可靠，便于操作检修。

②配电设备及其布设应留有足够的安全间距，满足正常和过电压工作时的要求，在事故情况下不致危及人身安全和周围设备。

③主要电气设备应有可靠的接地和防雷措施，并符合相关规定。

④严禁明线随意东拉西扯，杂乱无章，原则采用套管布线。

⑤对原有电动机进行更新改造时，应配备控制箱；管道灌溉宜配备变频控制箱。

4.2.7 进出水管

①进出水管路可采用钢管、铸铁管、聚乙烯（PE）管等，管道内壁应光滑，有足够的耐压强度、抗拉强度等机械强度。

②确定管径时，管内流速宜控制在 1.5~2.0m/s，最大不宜超过 3.0m/s。出口压力管道口径的确定应按有关规定执行。

4.2.8 金属构件

①拦污栅应设置在泵房前的引水渠内或引水渠末端，或结合前池布置。

②采用拍门断流的泵站，管路出口可以略高于出水池最低运行水位，或在消力坎处设置检修闸门和排水设施。拍门应选用开启角大、闭门撞击力小、维护管理方便、造价低的。为减少拍门阻力，可将拍门设为斜开或平开。

4.2.9 标识标牌

工程简介、管理责任、计量设施标识、灌溉管理制度、设备操作规程、维修养护制度等应在标牌上明确。各个标识标牌的内容和设置数量要整合在一起，形成整体，并与泵房建筑整体规划设计。标牌的内容、尺寸、材质、色彩及位置布局等应彰显当地文化特色，因地制宜，成为优秀水利灌溉设施的"画龙点睛"之笔(图 4-17~图 4-22)，切忌杂乱无章随意设置。

图 4-17　某泵站简介牌(1)

图 4-18　某泵站简介牌(2)

图 4-19　某泵站简介牌(3)

图 4-20　某泵站简介牌(4)

图 4-21　某泵站简介牌(5)

图 4-22　某泵站简介牌(6)

①工程简介应明确工程名称、工程内容、灌溉面积等内容。

②管理责任应明确责任人姓名、联系电话等内容。

③计量设施标识应明确水泵型号、电机型号、计量方式("以电折水"的应明确系数)、总量指标、作物定额和农业用水水价等内容。

4.3 灌溉水闸(闸站)规划

4.3.1 布局

①进水闸或分水闸的中心线与渠道中心线的交角宜小于30°,其上游引渠长度不宜过长。

②节制闸的中心线宜与渠道中心线重合。

③明确工程管理范围,管理范围内应进行绿化美化;宜设置通透栅栏,不宜设置通透栅栏的户外设施宜设置围栏,栅栏和围栏不宜低于1.2m。

④进出水闸(闸站)的道路应便利、通畅,满足机电设备运输、工程日常运行管理需要。

⑤水闸(闸站)管理用房、闸站泵房、进水渠等应统一规划,做到布局合理。建筑形式、风格、色彩、材质、砌筑方式等宜融入当地建筑特色,外观美观大方。整体环境应该与美丽乡村建设相结合,与周边环境相协调,与乡村文化相适宜,使水闸(闸站)工程设施成为美丽乡村的风景(图4-23~图4-27)。

图4-23 水闸(1)

图4-24 水闸(2)

图4-25 闸站(3)

图4-26 闸站(4)

图 4-27　闸站(5)

4.3.2　闸站

闸站是用来控制水流量和水位的设施,调节水文环境和保证水利工程的安全稳定运行,具有防洪、排涝和灌溉等功能。设有电机等设施设备管理泵房的闸站,它的外部环境景观整体规划设计,可参考4.2.1泵房设计的相关要求。

4.3.3　进水闸

①进水闸的中心线宜与渠道中心线重合。多泥沙灌溉渠道上的分水闸底板或闸槛顶部宜高于上级渠道底面10cm以上;必要时可增设拦沙或沉沙装置。

②闸顶高程、过流能力、消能防冲、抗滑稳定、抗渗稳定、结构强度等应满足规定要求。

③水闸上下游连接段宜根据实际情况设置安全措施,可设置栏杆(根据周边环境情况采用不锈钢栏杆、石材栏杆、仿木栏杆等,高度1.2m)、绿篱(高度不小于0.5m,宽度不小于0.5m)等作为防护设施。

④闸门净宽2m以上的水闸或多孔水闸应建启闭机房,将固定式启闭机设置在启闭机房内。

a.启闭机房面积应满足机组安装和检修要求,不宜小于9m²,其余建设要求可参照泵房的相关要求执行。

b.启闭机房的布置应满足安装、检修和维护的要求,通道尺寸不宜小于0.8m。

c.闸门的启闭应采用手电两用螺杆启闭机,手电两用螺杆启闭机应装设安全手把。电动螺杆启闭机应有可靠的电气和机械的过载安全保护装置;电动螺杆启闭机宜有可靠的高度指示器指示下降到位,并能自动停机;手电两用的启闭机在手动机构与机器连通时,应有断开全部电路的安全措施。

  d. 对同时具有泄洪及其他应急闸门功能的启闭机必须设置可靠的备用电源。

  e. 启闭机电气设备中，可能触及人员带电的裸露部分应设置防止触电的保护措施。

  f. 启闭机进行有机更新时，应配备控制箱，可进行自动化控制提升改造。

  ⑤闸门净宽2m以下的单孔水闸，布置在室外的固定式启闭机应加设活动机罩。闸门的启闭应采用手动螺杆启闭机，手动螺杆启闭机应装设安全手把。

  ⑥闸门止水装置应根据闸门的类型、设计水头、安装部位、运行条件、环境条件等因素选定，小型闸门可利用整条金属滑块兼作止水闸门。闸门及其埋件的结构设计、支承形式和材质选择应启闭方便，摩阻力小，结构稳定，振动及抖动小。

  ⑦对原有的闸站进行有机更新时，原有混凝土结构表面如果发生碳化现象，应采取表面防护措施。发生浅层碳化时，可采用涂层防护，涂层施工前应清除表面附着物及强碳化表层；发生大于钢筋保护层厚度的深度碳化时，宜先凿去已碳化混凝土，浇筑表层混凝土，混凝土表面可再增加涂层防护。新老混凝土结构之间应进行缝面处理并设置锚筋、锚栓等可靠的连接。

4.3.4 引水渠

  ①渠道主要断面形式有梯形、矩形、半梯形等，需根据引水灌溉面积对渠道横断面进行计算。底宽基本根据现状，边坡根据现状稳定要求，并结合渠道结构形式、岸坡土质等因素，一般开挖边坡为(1:1.5)~(1:0.5)，对于石方开挖采用较陡的边坡，为1:0.5。

  ②渠道防渗衬砌形式，可按实际情况采用坡式衬砌结构(混凝土、防渗膜料等)、墙式衬砌结构(混凝土、浆砌块石挡土墙等)。

  ③设计流量$1m^3/s$以上的渠道，有生物通道要求的，应间隔适当距离设置生物通道，建议采用生态护坡技术方案。

  ④设计流量$1m^3/s$以上的渠道，因地制宜，渠段路面可采用彩色透水砼铺装，临水侧设置安全措施，可设置栏杆(根据周边环境情况设置不锈钢栏杆、石材栏杆、仿木栏杆，高度1.2m)、绿篱(高度不小于0.5m，宽度不小于0.5m)等作为防护设施。

  ⑤引水渠的规划布局、设计形式、材料选取、砌筑方式等应该符合生态环境要求，与美丽乡村相协调。

  ⑥对原有渠道全断面衬砌进行有机更新时，应对原砼表层凿毛处理。

4.4 堰坝引灌规划

4.4.1 布局

  ①堰坝引灌是指用于农田水利灌溉的堰坝取水口、进水闸、引水渠等形成的整体灌溉设施，应统一规划，整体布局。

②堰坝引灌设施和灌溉水闸如果有设备用房的，内部应面貌良好、干净整洁，电力线路排布规范整齐，机电设备无尘垢、油垢和锈迹，铭牌完整、清晰。

③堰坝引灌设施和灌溉水闸周边应设置工程简介、管理责任、计量设施标识和安全警示等标牌。有设备用房的堰坝，灌溉管理制度、设备操作规程、维修养护制度等需统一上墙。标牌内容、尺寸、材质及位置根据当地实际情况设置，可参考4.2.9标识标牌相关模式。

④总体风貌。整体环境规划布局、设计形式、材料选取、色彩风格、砌筑方式等应与本土环境相协调。护岸布置及周边环境应符合生态环境要求，宜进行绿化美化，可设置栏杆、绿篱等防护隔离设施。整体风貌应充分挖掘本地文化资源，凸显本地乡村建筑文化特色，展示优秀水利工程文化，打造农文旅综合体，助力美丽乡村建设。

例如，某地溪流蜿蜒穿越了当地著名风景区，拟在溪流上规划6座堰坝，既提升溪流沿线农田水利灌溉保障水平，又营造景区水环境景观。在具体开展堰坝引灌规划中，为了使各堰坝尽显地域特色，设计者针对溪流流经寺庙、禅茶品茗、竹海、竹筏漂流等旅游风景区的实际情况，充分挖掘当地文化资源，将方案设计融入禅茶、禅茶具、莲花、竹筏等文化元素，凸显本土文化特色，倾情塑造优秀水利工程文化，还配置了灯光，丰富旅游休闲夜景，沿溪形成了6座风格各异的水利工程景观走廊，打造了旅游风景区内又一全新的、特色鲜明的功能景区，有力推动了当地农文旅融合发展，助力了乡村振兴（图4-28～图4-31）。

图4-28　堰坝(1)

图4-29　堰坝(2)

图4-30　堰坝(3)

图4-31　堰坝(4)

4.4.2 取水口

①堰坝取水口宜选在河岸坚固、高度适宜的地段，避免增加渠道土石方开挖量。
②取水口的设置应有利于水流通畅。

4.4.3 进水闸

堰坝引灌的进水闸的规划设计参考 4.3.3 小节。水闸工程设施见图 4-32~图 4-36。

图 4-32 某进水闸

图 4-33 某闸室外景

图 4-34 某节制闸

图 4-35 某闸室内景

图 4-36 某太阳能一体化水闸

4.4.4 引水渠

堰坝的引水渠的规划设计参考 4.3.4 小节。

4.5 渠系工程规划

4.5.1 布局

渠(沟)道、管道工程应按灌溉规模、地形条件、宜机作业和耕作要求合理布置。工程建设符合下列要求：

①在固定输水渠道上的分水、控水、量水、衔接和交叉等建筑物应配套齐全。

②平原地区斗渠(沟)以下各级渠(沟)宜相互垂直，斗渠(沟)长度宜为1000~3000m，间距应与农渠(沟)长度相适宜；农渠(沟)长度、间距应与条田的长度、宽度相适宜。河谷冲积平原区、低山丘陵区的斗渠(沟)和农渠(沟)长度可适当缩短。斗渠(沟)和农渠(沟)等固定渠道宜综合考虑生产与生态需要，因地制宜进行衬砌处理。

③采用管道输水灌溉，管道系统应结合地形、水源位置、田块形状及沟和路的走向优化布置。支管上布置出水口，单个出水口的出水量应通过控制灌溉的格田面积、作物类型、灌水定额计算确定。

各用水单位应独立配水。管道系统宜采用干管续灌、支管轮灌的工作制度，规模不大的管道系统可采用续灌工作制度，管道输水灌溉工程建设应按《管道输水灌溉工程技术规范》(GB/T 20203—2017)的规定执行。

4.5.2 渠系构筑物

渠系构筑物是指斗渠(含)以下渠道的构筑物，主要包括农桥、渡槽、倒虹吸管、涵洞、水闸、跌水与陡坡、量水设施等，工程规划设计按《灌溉与排水渠系建筑物设计规范》(SL 482—2011)的规定执行，工程规划设计应符合下列要求：

①渠系建筑物使用年限应与灌溉与排水系统主体工程相一致。

②农桥桥长应与所跨沟渠宽度相适应，桥宽宜与所连接道路的宽度相适应。荷载应按不同类型及最不利组合确定。

③渡槽应根据实际情况，采取具有抗渗、抗冻、抗磨、抗侵蚀等功能的建筑材料及成熟实用的结构形式修建。

④倒虹吸管应根据水头和跨度，因地制宜采用不同的布置形式，进口处宜根据水源情况设置沉沙池、拦渣设施，管身最低处设冲沙阀。

⑤涵洞应根据无压或有压要求确定拱形、圆形或矩形等横断面形式，涵洞的过流能力应与渠(沟)道的过流能力相匹配。承压较大的涵洞应使用钢筋混凝土管涵、方涵或其他耐

压管涵，管涵应设混凝土或砌石管座。

⑥在灌溉渠道轮灌组分界处或渠道断面变化较大的地点应设置节制闸，在分水渠道的进口处宜设置分水闸，在斗渠末端的位置宜设置退水闸，从水源引水进入渠道时，宜设置进水闸控制入水渠流量。

⑦跌水与陡坡应采用砌石、混凝土等抗冲耐磨材料建造。

⑧渠灌区在渠道的引水、分水、退水处应根据需要设置量水堰、量水槽等量水设施，井灌区应根据需要设置管道式量水仪表。

4.5.3 灌溉方式

应推广节水灌溉技术，提高水资源利用效率，因地制宜采取渠道防渗、管道输水灌溉、喷灌、微灌等节水灌溉措施，灌溉水利用系数应符合《节水灌溉工程技术标准》（GB/T 50363—2018）的规定。

4.5.4 灌溉标准

应根据气象、作物、地形、土壤、水源、水质及农业生产、发展、管理和经济社会等条件综合分析确定田间灌溉方式。地面灌溉工程建设应按《灌溉与排水工程设计标准》（GB 50288—2018）的规定执行，喷灌工程建设应按《喷灌工程技术规范》（GB/T 50085—2007）的规定执行，滴灌、微喷和小管出流等形式的微灌工程建设应按《微灌技术标准》（GB/T 50485—2020）的规定执行，管道输水灌溉工程建设应按《管道输水灌溉工程技术规范》（GB/T 20203—2017）的规定执行。

4.5.5 有机更新

对破损严重（图 4-37）、需要清淤、整修的渠系工程应进行统一规划，完善设施配套，并根据灌区实际情况，按照美丽乡村的要求实施有机更新，进行生态化、景观化、品质化规划设计建设（图 4-38）。

图 4-37　破损水渠

图 4-38　生态化水渠

渠道工程规划情况统计，以某灌区渠道为例，见表4-6。

表4-6 某灌区渠道工程规划情况统计表

渠道所在位置		渠道规划/km	整修渠道/km	清淤渠道/km	清淤深度/cm
乡镇(街道)	村				
××街道	××村	5.8	0.8	1.2	12
	××村	3.6	0.5	0.6	15
××镇	××村	2.8	0.5	0.8	16
	××村	6.2	4.2	6.9	18
总计		18.4	6.0	9.5	61

4.6 量水工程规划

加快供水计量体系建设，新建、改扩建工程要同步建设计量设施；尚未配备计量设施的已建工程要抓紧改造，完善供水计量设施。严重缺水地区和地下水超采地区要限期配套完善。大、中型灌区骨干工程全部实现斗口及以下计量供水；小型灌区和末级渠系根据管理需要细化计量单元；使用地下水灌溉的要计量到井，有条件的地方要计量到户。

为达到乡村农田水利灌溉实行"总量控制，定额管理"的规划目标，应选择典型灌区配套规划量水设施，"以点带面"落实节约用水规划要求。

4.6.1 布局原则

①优先在泵房内、引水渠首或用水管理控制断面等位置布设计量设施。
②布置测流断面和安装量水设备应选择在渠道顺直、渠基稳固、断面规则的位置。
③测流断面布置应便于水量调配、用水管理、节水减排管理。
④应布置在交通方便、通信顺畅的地方，方便观测和日常维护管理。

4.6.2 设备选型

农田水利灌溉计量需选用具有智能、环保、节能等新技术的设施，可采用标准断面量水、渠系建筑物量水、堰槽量水、仪表量水等方法，水泵提水的设施，可采用"以电折水"方法。

量水设施通常由量水基础设施、量水仪器设备及其他设施组成。其中，量水基础设施有顺直渠段、渠系建筑物、量水堰槽、输水管道、水尺等。量水仪器设备包括水位计、电表、流量计、水表、数据采集终端、图形监控设备等。其他设施包括标识标牌、设备立杆、站房等。不同量水方法的基础设施和仪器设备组成情况见表4-7，实施现场见图4-39～图4-41。

表 4-7　不同量水方法的基础设施及仪器设备组成

量水方法	量水基础设施					量水仪器设备						其他设施		
	顺直渠段	渠系建筑物	量水堰槽	输水管道	水尺	水位计	电表	流量计	水表	数据采集终端	图像监控设备	标识标牌	设备立杆	站房
标准断面量水	√				√	*				*	*	√		
渠系建筑物量水	√	√			√	*				*	*	√	*（二选一）	
量水堰槽	√		√		√					*	*	√		
量水仪表				√				√（二选一）		*	*	√		
以电折水							√					√		

注：√为必选项，*为可选项。

图 4-39　远程电表量水图

图 4-40　明渠流量计

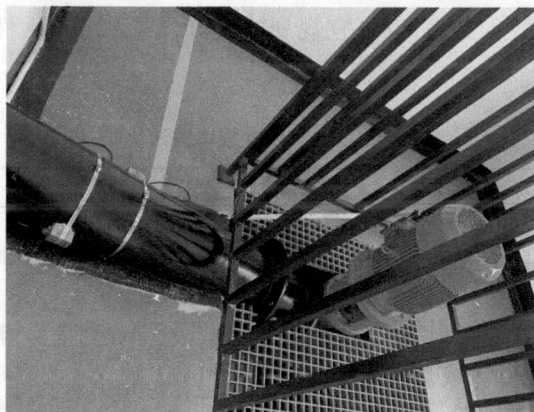

图 4-41　外夹式流量计

4.6.3 泵站量水设施

田间灌溉泵站按照以下方式配套量水设施：

①优先选择超声波流量计、电磁流量计、远传水表等仪表量水方法。

②宜采用标准断面量水，水位计推荐采用雷达水位计、超声波水位计、压力式水位计、浮子式水位计等自记水位计。

③可采用"以电折水"方法。

4.6.4 堰坝水闸量水设施

堰坝引水设施、灌溉水闸按照以下方式配套量水设施：

①优先采用标准断面量水，水位计推荐采用雷达水位计、超声波水位计、压力式水位计、浮子式水位计等自记水位计。

②可采用渠系建筑物量水、量水堰槽等方式。

4.6.5 量水精度

量水设备的选取以满足实际需求为宜，流量和水量测量误差宜不超过±5%（95%置信水平），"以电折水"方法测量误差宜控制在10%以内。量水设施应在率定完成合格后方能实施量水。

①采用标准断面量水、渠系建筑物量水、量水堰槽和"以电折水"等量水方式的，需要通过现场率定确定流量公式中的参数值。

②采用仪表量水的，应复核其是否满足标准及仪器说明书的要求。

③量水设施率定频次宜每2年开展1次。当顺直渠段、渠系建筑物、明渠堰槽、输水管道等量水基础设施的尺寸、形状、糙率、走向等发生变化时，应及时进行重新率定。

在规划建设过程中，应根据规划区域各灌区的实际情况，对几种常用的量水方法进行比选，各种量水方法的特点见表4-8，宜规划建设符合量水要求、性价比较高、便于后期维护的量水工程设施。

表4-8 几种常用的量水方法比较

量水方法	以电折水	仪表量水	明渠水位计
设施设备	电表	水表、超声波流量计、电磁流量计等	顺直渠道、各类水位计等
特点	费用较低，可直接利用原有电表，但遇到多泵或者灌排两用泵、变频等泵站，则无法利用	精度高，投入较大，管理方便，但需对机埠进行适当改造	建设方便，费用适中，但监测数据、后期维养等工作量大
率定情况	需要率定	满足安装要求，不需要率定	需要率定

4.6.6 在线计量

有条件的地区量水设施宜配套数据采集终端、图形监控设备和数据管理平台，实现自动化在线计量，搭建用水管理信息系统平台，可纳入当地"政府民生地图管理系统"统一管理，有些地方还实现移动客户端实时管理。在线计量具体要求如下：

①数据采集终端可在现场读取数据、设置参数、校准时钟，具有现场存储 1 年以上监测数据的功能，存储的数据可进行现场下载，计量误差应满足有关规定要求。

②图形监控设备应能通过现场抓拍，实时了解量水基础设施和量水仪器设备等现场情况。

③数据管理平台应实现量水数据自动接收与水量信息处理分析。

4.6.7 典型案例

下面以某山区农田水利灌溉自流灌溉、平原区农田水利灌溉泵站提水灌溉、山塘灌区用水总量控制等量水设施的规划建设为例，进一步说明超声波水位计、远程智能电表等量水设施的规划布局与建设。

为了确定一定区域范围内灌区的用水量，需要根据各典型灌区的地形地貌、农作物种植结构等实际情况，对灌溉用水情况进行实时监测，摸清用水规律，计算节水系数，核定用水定额。

在用水量水工程设施的规划过程中，首先应根据该典型灌区的实际情况，对量水方式、量水设备具体的型号、传输方式等进行选择，在不影响过流能力和用水主体生产的前提下，开展科学合理的规划布局，量水设施的建设施工图见附录，用水量水工程设施规划情况统计，见表4-9。

表 4-9　典型灌区用水量水设施统计表

分区名称	典型灌区名称	设施名称	计量方法	传输方式	设备数量
平原区	××镇典型灌区				
	××街道典型灌区				
山区	××镇典型灌区				
	××街道典型灌区				

通过这些量水工程设施规划，可将该典型灌区现场量水仪表及变送器的数据，通过GPRS 无线通信的方式，实时传输到当地的"农田水利灌溉用水信息化管理系统平台"上，在平台可以对数据信息进行统一汇总、分析、计算，为乡村农田水利灌溉总量控制、实时监管、绩效考核、兑现奖补等提供依据。

4.6.8 实施建议

从灌区数量、工程造价等因素考虑，建议以规划区内的乡镇(街道)为单位，在每个乡镇(街道)的典型灌区内规划建设用水量水工程设施，并以该典型灌区用水量水结果，以点带面来代表该乡镇(街道)的农田水利灌溉用水情况，其他非典型灌区内不一定非要全部规划建设量水设施。后续在对各乡镇(街道)的农田水利灌溉工作进行绩效考核时，需要先对已按照规划实施建设、投入使用用水量水设施的典型灌区进行用水量考核，然后再以这些灌区的用水量考核的结果做参考，对所在乡镇(街道)其他非典型灌区的用水工作的绩效进行考核。

在用水量水工程设施规划建设时，应注意以下几个方面：

①突出重点：围绕保障粮食安全生产需求，以粮食功能区、高新农业示范区、高标准农田建设区、"非粮化整治""非农化整治"等为重点，以管理水平较高的灌区带动管理水平相对较差的灌区。

②典型引领：总体规划上优先建设实施既包含山区，又包含平原区的乡镇(街道)以及粮食功能区面积较大的乡镇(街道)，再建设实施其他乡镇(街道)。

③以点带面：建议平原区每个乡镇(街道)规划建设1~2个典型灌区，山区每个乡镇(街道)规划建设1个典型灌区进行量水设施规划建设。

④数字赋能：量水工程设施规划中，尽量规划建设具有智能、环保、节能等新技术的用水量水设施，以提高管理效能，减少后期人工运维成本。

4.7 田间附属工程

4.7.1 田间规划工程

田间规划工程要有利于调节农田水分状况、培育土壤肥力和实现现代化(图4-42)，应满足：①有完善的田间灌排系统，做到灌排配套，消灭串灌排，并能控制地下水位，防止土壤过湿和产生土壤次生盐渍化现象，达到保水、保土、保肥。②田面平整，灌水时土壤湿润均匀，排水时田面不留积水。③田块形状和大小要有利于现代化生产作业。

(1)田间的条田规划

末级固定灌溉渠道(农渠)和末级固定沟道(农沟)之间的田块叫作条田，是耕作和田间灌水的基本单元，需满足：①排水要求，协调好降雨强度与入渗速度的关系，控制积水深度和时间，农沟间距一般为100~200m。②耕作要求，条田形状尽量方正，在1~2d内完成灌水，一块条田长度以500~600m为宜。

(2)水稻区的格田规格

格田设计必须保证排灌畅通，调控方便，满足水稻各生长期对水分需求。格田田面高差宜3~5cm，长度宜60~120m，宽度20~40m，每块格田均应设置独立的进水口及排水口。格田间埂高宜为 20~40cm。

图 4-42 某灌区规划实施实景

（3）土地平整工程

土地平整工程是指为满足农田耕作、灌排需要而进行的田块修筑和地力保持措施，包括耕作田块修筑工程和耕作层地力保持工程，应实现田块集中、耕作田面平整，满足作物高产、稳产要求。因此水田格田内田面高差应小于±3cm；水浇地畦田内田面高差应小于±5cm。耕作层厚度应达到25cm以上，有效土层厚度应达到50cm以上（图4-43）。

图 4-43 某灌区土地平整后实景

4.7.2 田间交通工程

田间交通工程是指用于农业生产而建设的道路、桥涵、农机下田坡道和过渠（沟）通道等。因此应合理布局，方便耕作，控制田间道路密度，少占耕地，与沟渠、条田布置相协调（图4-44）。

①一般分干路（或机耕路）宽≤4m、支路（或田间道）宽≤2.5m两级，路肩宽0.3~

0.5m，支路较长时可设置会车平台。干路一般采用 C30 砼路面结构，厚为 180mm。板长 ≤6m，横向缩缝采用假缝形式，不设传力杆，一般不设胀缝。路面板下基层宜采用整体性好、强度高、透水性小的半刚性基层，厚度≤200mm。当地下水位较高，可再设厚度≤100mm 砂砾石垫层。

图 4-44　某灌区田间道路

②支路一般采用 C30 砼路面结构，厚度 150mm，基层参照干路要求。

③路面一般比田面平均高 0.25~0.35m。干路路床的密实度应≥93%；支路路床的密实度应≥90%。

④桥梁设计应有地质勘探资料及结构计算。干路上的桥梁按农桥-Ⅰ级设计，支路上的桥梁按农桥-Ⅱ级设计。河口宽度≤13m 的桥梁应按单跨设计，梁底标高应符合本地相关规定要求。桥梁桩基应首选打入桩，如有困难可选用钻孔灌注桩。

⑤农机下田坡道一般每 3~4 块条田设一处，条田之间可通过设渠（沟）通道板或埋管涵予以沟通，下田坡道一般采用厚 150mm、宽 2.5m 的 C25 现浇砼结构。

⑥菜田等经济作物每个大棚入口处或连栋大棚入口处应用小型农业机械标准设计过沟板。

4.7.3　田间灌渠工程

田间灌渠工程的规划布局参照 4.5 节内容。下面就渠道防渗、管道、渡槽、涵洞等工程进行阐述。

（1）防渗渠道

明渠和暗渠等防渗渠道主要适用于粮田和灌区的建设，需满足：①工程布局原则上应成片、整体推进；应与田、林、路、沟等相协调，有利于机械化耕作；一般渠系分干、支、农 3 级，规模较小的灌区也可由干、农 2 级组成；宜灌排分开；暗渠一般不能布置在道路下面。②设计应满足灌溉制度和后续运营管理的要求；干渠、支渠一般应按续灌方式规划设计，农渠按轮灌方式规划设计，必要时支渠也可按轮灌方式设计；单台泵供水的明渠、轮灌明渠可只按设计流量进行水力计算；由 2 台泵及 2 台泵以上供水的续灌明渠应按加大流量复核渠道的设计过水能力。③防渗明渠应包括纵、横断面规划设计，并保证设计输水能力、边坡稳定和水流顺畅；各级渠道之间、渠道各分段之间以及与渠系建筑物之间衔接平顺；田间进水口进田水深≥0.1m；防渗明渠一般采用钢筋砼结构，如采用预制砼板拼装结构，板厚一般为 50~60mm，砼强度等级≥C25，板内主筋采用 Φ6.5 钢筋。底板采用≥C25 砼现浇，厚度 80mm，不宜配置钢筋。压顶采用≥C25 砼现浇，宽度一般 250mm，厚 100mm，纵向配筋≥2Φ6.5。若渠顶采用水平顶板，宽度一般为 300mm，厚 100mm，间距 25m 左右。渠道两侧回填土应充分压实，渠堤宽度一般≥450mm。在有条件的地区，防渗明渠可采用工厂生产的梯形或 U 形定型预制构件，但产品的强度、耐久性、结构尺寸在规划设计文件中应有明确的规定。④防渗暗渠一般采用强度符合设计要求的砼管或钢筋砼管，管顶埋深应在地面以下 0.7m，管道接头和基础设计应符合相关规范要求。当防渗暗渠采用其他管材时，设计文件中应提出管材的技术性能指标，并经过技术和经济比较，确保其使用的安全性、耐久性和投资的合理性。⑤检查井应设盖板。放水口宜采用系列化、定型化的成品构件，间距一般 25~50m。

（2）低压输水管道

低压输水管道主要适用于高标准粮田灌溉，需满足：①规划规模应通过技术论证和水力计算确定；应有利于运行管理，方便检查和维修，保证输水、配水和灌水的安全可靠。②水利用系数设计值不应低于 0.95，干、支管道在灌区内的规划长度宜控制在 90~150m/hm²；管径<400mm 的管材应符合《低压输水灌溉用硬聚氯乙烯（PVC-U）管材》（GB/T 13664—2006）的规定；管径≥400mm 时，应在设计文件中明确管材的技术性能指标，确保其使用的安全性、耐久性和投资的合理性。③管顶埋深应在地面以下 0.7m，当不能满足要求时应采取加固措施。④田间给水栓（出水口）的间距应根据服务田块的面积确定，一般单个给水栓（出水口）的灌溉面积宜在 0.25~0.6hm²，间距≤50m，且应采用成熟的定型产品，水量应能调节。

（3）倒虹吸管

规划渠道或排水沟需穿越河道或等级公路时，可通过规划设置倒虹吸管予以沟通。

①规划：布局方案、管道横断面型式、尺寸和材质，应在总水头损失不大于渠道系统给定值条件下，经技术经济比较后确定。倒虹吸管应与穿越的河道或道路中心线正交布置，并尽可能做到距离最短。当穿越规划河道时，管顶应在规划河底高程 1m 以下（当现状河底低于规划河底高程时，应低于现状河底 1m）；当穿越非规划河道时，管顶应在设计河底冲刷线以下 0.5m；当穿越道路时，管顶应在路面 0.7m 以下；当穿越渠（沟）时，管顶应在渠（沟）底 0.5m 以下。倒虹吸管通常采用两种施工方式，一种采用开槽埋设施工，适用于开挖较浅的路下或渠（沟）下的埋管，或者是河道较小，易于筑坝施工的河段，管材一般采用钢筋砼管、PVC-U 加筋管，另一种采用拖拉管施工，主要适用于无法开槽埋设

施工或开槽埋设不经济的场合,管材一般采用 PE 塑料管。倒虹吸管由进口段、管身和出口段组成,进出口段一般应设竖井(窨井),井上应设盖板。

②设计:初拟管内平均流速宜取 1.5~2.5m/s,具体管内流速应根据渠道规划允许的水头损失值及最小流速大于管内不淤流速的原则确定,具体设计应有水力设计和结构设计等内容。

(4)渡槽

当输水渠道需要跨越非通航河道,而采用倒虹吸管不经济或施工难度较大时,可选用渡槽。一般渡槽只适宜于建在村级河道上,如河口宽度过大,不适宜建渡槽。

①规划:应选择在地形平坦,地质条件较好,便于施工,能与上下游渠道平顺连接的地方;渡槽进出口与槽身间的连接,在纵向上应呈直线,不可急剧转弯,在竖向不能有很大的落差;渡槽一般采用钢筋砼简支梁式渡槽,横断面一般为矩形,槽身的深宽比宜为0.6~0.8,梁式渡槽单跨跨径宜在 8~15m,总长应与跨越河道相匹配;梁式渡槽的基础应根据地质、施工条件,经技术经济比较后确定。如现场施工条件较好,地基土又适宜于采用沉桩结构,中墩应首选预制桩基础,与连接段相接部位可选浅基础。当沉桩或浅基础不能满足要求或不便施工且地基土适宜钻孔时,可采用钻孔灌注桩基础。

②设计:新建渡槽应进行地质勘探;渡槽的底坡应为缓坡,槽内流速应不低于上游渠道流速,槽内水面及与之上下游连接段水面不应出现较大的跌落或壅高现象;槽身过水断面应按通过加大流量时尚有足够槽壁超高的要求确定,通过设计流量时,矩形断面的超高一般控制在 0.25m 左右;应有水力设计和结构设计内容。

(5)涵洞

当明渠(或排水沟)规划需要穿越机耕路或与沟渠相交时,一般采用涵洞通过。

①规划:涵洞轴线宜为直线,与穿越建筑物呈正交,使水流顺畅,且穿越距离应尽可能短。

②设计:涵洞的纵坡应不小于所在渠(沟)的纵坡,其底面高程应满足上下游水面的衔接要求,管内流速应确保不冲不淤;当涵洞出口水流直接入河或入无衬砌的渠沟时,应在涵洞两侧 5~10m 范围内采取防淤防冲措施;排水入河的泄水涵洞,应在出口处建八字墙、曲线形翼墙等连接建筑物,并对河道边坡作必要护砌;涵洞横断面型式的选择,应综合考虑运行条件、上部荷载、过水流量和施工条件,其断面尺寸应满足过水流量要求;涵洞埋设一般采用开槽施工,埋设在主次干道下时,顶部填土厚度应不小于 0.7m(顶板兼作道路结构的箱涵除外),否则应采取相应加固措施;涵洞的基础形式应依据孔径及地基土质条件等确定;应有水力计算和结构设计内容。

(6)田间灌渠水闸

根据灌区轮灌设计方案,在续灌渠道上设置节制闸,在分水口处设置分水闸,在灌溉渠道的末端设置退水闸(口),在末级渠道和沟道上分别设置田间进水口和排水口等渠、沟系统的输配水构筑物。

①规划:分水闸一般设在上一级渠道向下级渠道分水处;当分水比例较大或下级渠道

采用轮灌时，一般在分水口的上一级渠道上设置节制闸，用于壅高分水口前水位或调节、截断上一级渠道水流，以满足分水流量及轮灌要求，设置在末级渠道上的田间进水口，其间距和进水口高程应满足田块的进水要求，宜采用定型产品；渠道退水闸一般设置在渠系末端，靠近河道或排水沟处，设置在末级排水沟上的田间排水口，其间距和排水口高程应满足田块的排水要求，宜采用定型产品。

②设计：当渠堤不高，分水量较大时，分水闸一般采用开敞式；当分水流量较小或闸后有通行要求时，可采用涵洞式；分水闸、节制闸以及退水闸通常采用砖砌或预制件拼装，也可采用现浇钢筋砼结构；闸门一般应采用止水效果较好的定型的塑料闸门、玻璃钢闸门或钢筋砼闸门。重量较轻的闸门一般采用人工拔插，较重的一般配置简易的手动螺杆启闭机；所有水闸均应建在地形条件适宜、地质条件良好的天然地基上。

4.7.4 排水、降渍工程

田间一般采用明沟排水，设施应配套齐全。田面高程较低且有降渍要求和条件成熟的灌区可增设暗管降渍。

①排水明沟：应与灌溉渠道(管道)系统相对应，一般按干沟、支沟和农沟顺序设置固定沟道，排水沟的出口采用自排方式；末级固定排水沟的深度和间距，应根据机耕作业、田块布置和地下水位等要求，按排水标准设计确定；用于降渍和防治土壤盐碱化的末级固定排水沟的深度和间距，宜通过田间试验确定；无试验资料时，可按《灌溉与排水工程设计标准》(GB 50288—2018)附录 G 列出的公式进行计算后综合分析确定；排水沟纵、横断面设计应保证设计排水能力，满足其汇水范围的排水要求；宜采用土沟，如采用边坡防塌措施，应根据沟坡土质、土体受力和地下水作用等条件进行边坡稳定分析，经技术经济比较后采取稳固坡脚或生物护坡等措施；应推广使用生态型排水沟，当排水沟边坡采用新材料护坡时，应有实际应用的相关技术资料作为设计依据；未经工程应用的新材料，不得大面积推广；凡采用砼板衬砌的，沟下部应有滤水孔等透水措施，结构断面和材料要求同防渗明渠；在计算排水沟的清淤工程量和投资时，清淤土方应按就地平衡的施工方案进行测算(清理出的土方应就地还田)。

②降渍暗管：吸水管埋深应采用允许排水历时内达到地下水位埋深及剩余水头之和，剩余水头值取 0.2m 左右；吸水管埋深还应考虑机耕作业要求以及施工机械能够达到的埋设深度，一般 ≥0.7m；吸水管间距宜通过田间试验确定，如无试验资料的，可按《灌溉与排水工程设计标准》(GB 50288—2018)附录 G 所列公式计算后综合分析确定；当吸水管较长需要布设集水管时，应结合明沟设置，其流量和管径应通过计算确定；一般选用内径 ≥63mm 的多孔管，吸水管周围应设置外包滤料，其设计应符合《灌溉与排水工程设计标准》(GB 50288—2018)中 7.3.11 的要求；降渍暗管的比降 i 应满足管内不淤流速的要求，管内径 $d \leq 100mm$ 时 i 取 $1/1000 \sim 1/400$；$d > 100mm$ 时 i 取 $1/1500 \sim 1/600$。

4.8 环境影响评价规划

4.8.1 施工期环境影响

（1）施工噪声对环境的影响与防护措施

实施规划工程建设时，施工期噪声较大，建筑施工场界噪声限值要符合有关标准，对施工噪声宜采取以下措施：

①加强施工期各施工场地的噪声管理，对高噪声的机械设备采取降噪措施，并在施工安排上尽量合理配置施工机械，降低组合噪声级，特别是避免高噪声源的夜间作业，同时加强受噪声影响较大的施工人员的劳动保护。

②加强高噪声施工设施的维修、管理，保证其正常运行，减少设备非正常运行时所产生的噪声。

（2）施工废气对环境的影响与防护措施

施工废气包括汽车、机械设备、挖掘机等产生含二氧化硫、氮氧化合物、总悬浮微粒的废气，汽车运输产生的扬尘，以及料场与基础开挖产生的粉尘。建议采取以下措施：

①加强施工的汽车、挖掘机、推土机等燃油设备的维护，确保设备的完好运行，使燃料充分燃烧，既节约能源又可减少污染物的产生。

②尽量利用电力作为施工机械的能源，减少燃料燃烧污染物的产生。加强机车运输的合理调配，尽量使用汽车，少用拖拉机运输，做好车厢遮盖，甚至封闭设施，尽量压缩工区汽车数量与行车密度，以减少汽车尾气的排放。

③建筑施工材料堆放场地和运输线路应避开大气敏感点，施工单位在运输道路上应派专人负责清除车辆上撒落的砂石料或开挖的土石方。

④对建筑施工场地和车辆运输道路沿线要做到勤洒水，尤其是天气干旱的季节更应如此，洒水频率每天应有4次或5次。

⑤对受粉尘、废气影响较严重的一线施工人员，要严格执行国家有关劳动保护的规定，同时搞好作业区的污染防治。

（3）废污水影响及防治措施

①加强施工区生产废水管理与处理，对筛分冲洗水及机修、洗车等生产废水设置沉淀池和隔油池处理，并达到标准后才能排放。

②河道清淤和拓宽时要注意施工方式，可采用围堰施工和分段施工，减少清淤过程中底泥对河道水质造成的污染。疏浚后的淤泥要尽量使用管道或船只运输，并选择合适的场地堆放，加快泥浆沉淀速度，避免由于大量泥浆水回流给河道造成污染。

③施工期必须配备卫生防疫专业人员，加强疫病防治和工区环境卫生管理。

4.8.2 运行期环境影响

①规划工程实施后，有助于提高区域防洪排涝标准，防洪排涝能力将得到增强，对区域发展、经济建设将起到重要的保驾护航的作用。

②规划灌溉工程基本不仅没有改变现有江河流势和水文条件，而且还提高了原有防洪排涝、水土保持能力。

③规划灌溉工程有利于节水减排，将改善水质、减轻内涝、增加可利用水量，故将有助于改善灌溉工程附近水域体系的水质。

④规划工程施工期间，土方开挖将破坏局部植被，施工废水影响河道内生态环境，施工废渣破坏局部陆地植被，使生态环境受影响。但灌溉工程建成后，通过节水灌溉和标准化农田建设，可控制农药化肥的过度使用，在提高土壤肥力和土地生产能力的同时，减少农业面污染，保护区域生态环境。同时绿化、水体范围面积将相应增加，水环境有所改善，区域生态环境将明显改善，助力提升生态环境质量，既美化景观，又有利于土地增值和城乡经济发展。

4.8.3 环境影响综合评价

农田水利灌溉规划工程项目可提高区域抗旱、防洪标准，减少灾害损失，保障人民群众生命财产安全，有效缓解水资源供需矛盾，节约水资源，增加水域环境容量，促进农业增产、农民增收、农业现代化发展和新农村建设。虽然在规划工程实施时，工程施工期存在一定的不利影响，但通过相应的措施可将其减小到最低，将不会对区域环境产生较大影响。规划工程实施后，区域总体生态环境将得到明显改善，为当地社会经济全面、协调、可持续发展奠定坚实的基础。

5 终端管理规划

终端管理规划包括体制机制、农业综合水价、标准化管理、创新管理手段等方面。具体如下：

①加强体制机制建设，根据相关政策要求，结合灌溉发展实际，坚持两手发力，提出充分发挥中央及地方财政投入引导作用、积极争取金融支持、广泛吸引社会投入，以及探索通过水权交易、新增灌区耕地指标筹集资金等拓宽灌溉发展投融资渠道的任务与支持政策等。围绕完善项目法人制度、创新建管模式、强化建设监管等方面明确创新灌区建设管理的主要任务。围绕明晰管护责任、健全管护机制、严格管护监管、推进农业适度规模经营等方面，提出创新灌区运行管理的主要任务。体制机制建设是灌区规划的重要内容之一，将在下一章节中详细阐述。

②在农田有效灌溉区域内，以灌溉用水节水减排为目标，深入开展农业水价综合改革，以示范泵站、示范水闸、示范灌区、示范用水管理主体、示范村等"五个一"示范创建活动为引领，以巩固完善农业水价形成机制、精准补贴和节水奖励机制、工程建设和管护机制、用水管理机制等"四项机制"为主线，以"农田水利灌溉工程更新升级行动""八个一"村级改革巩固提升活动为抓手，进一步巩固深化农业水价综合改革。

③强化标准化管理，围绕打造标准化、物业化、数字化管理精品工程，加快推进运行管理现代化，推动标准化管理迭代升级等内容，进一步完善灌区标准化管理的标准制度体系和运行管理机制，提出深化灌区标准化管理的方案。

④加强科技创新，通过加强基础理论研究、强化关键技术和设备研发、完善灌溉试验站网等方面规划，提出农田水利灌溉科技创新的主要任务。

鼓励发展农民用水自治、专业化服务、水管单位管理和用户参与等多种形式的终端用水管理模式。支持农民用水合作组织规范组建、创新发展，并充分发挥其在供水工程建设管理、用水管理、水费计收等方面的作用。推进小型水利工程管理体制改革，明晰农田水利设施产权，颁发产权证书，建立数字化产权平台，将使用权、管理权移交给农民用水合作组织、农村集体经济组织、受益农户及新型农业经营主体，明确管护责任。

5.1 终端管理组织

推进乡村农田水利灌溉用水节水减排，构建农田水利设施良性运行机制，关键在于提高农田水利灌溉终端管理组织的能力。终端管理组织规划的主要任务是：建立水管组织机构，建设管理制度，规范运行管理，明晰设施产权，实现"一把锄头放水"，全面提升终端用水管理综合水平。

5.1.1 组织机构

发挥乡镇政府和村"两委"的作用，充分调动基层水利站所的积极性，加强村级改革的技术指导和帮扶服务。根据规划灌区划分的特点以及沟通联系灌溉用水用户终端的便捷性，终端管理组织建设宜"一杆到底"，终端管理应该以村集体、村股份经济合作社为主，必要时可以带动种植大户参与，成立村级用水管理小组。一般地，村级用水管理小组在属地乡镇(街道)和当地政府水利行政主管部门的领导下开展工作，组长由村领导兼任，成员为村水利、农业、财务、放水员等业务管理人员组成。另外，根据土地流转合同约定情况，决定是否有必要带动种植大户代表参加，在村集体(村股份经济合作社)管理下独立承担部分管理任务。村用水管理小组的具体职责如下：

①负责制订本村辖区内灌溉泵站(机埠)、山塘水库、灌溉渠系、量水设施设备等农田水利灌溉发展计划、日常使用与维护计划，负责农田水利灌溉用水的监督和协调，负责调解灌溉用水纠纷，组织宣传培训灌溉用水中有关节水减排的相关政策和科普知识等。

②监督管理种植大户(包括高效节水大户)独自承担自己所承包辖区灌区范围内的用水管理和相关设施的维修养护，由村水管小组负责对其运行情况进行用水节水减排、设施维护保养、场地保洁等有关指标的考核。

③土地承包散户代表拥有监督权和建议权，可向村水管小组提出农田水利灌溉主体在用水过程中遇到的困难、存在的问题以及有关建议。

④村放水员具体负责所辖灌区的用水管理，以及日常巡查和维护，并及时向水管小组反映用水情况和设施运行状况，做好相关台账。

终端管理组织机构的运行结构，如图5-1所示。

组织机构建立后，要因地制宜，通过组织学习培训、考察交流、争先创优、工作考核等多种方式，激活、激发各类农民用水合作组织有效运转，避免"形式化""空壳化"现象。要按照有关章程和制度，明确农民用水合作组织的职责分工，组织开展经常性的维修养护、用水管理等工作，切实提高村级农田水利管护的组织化程度。组织签订农田水利设施管护协议书，细分和明确各类管护主体，落实管护责任。对于泵站、机埠、堰坝、水闸等单体性小农水工程，积极推进以乡镇(街道)或灌区为单元的区域化集中管护，即委托有实力的、专业化的第三方管护，加快建立物业化、专业化管护等"管养分离"运行维护机制，

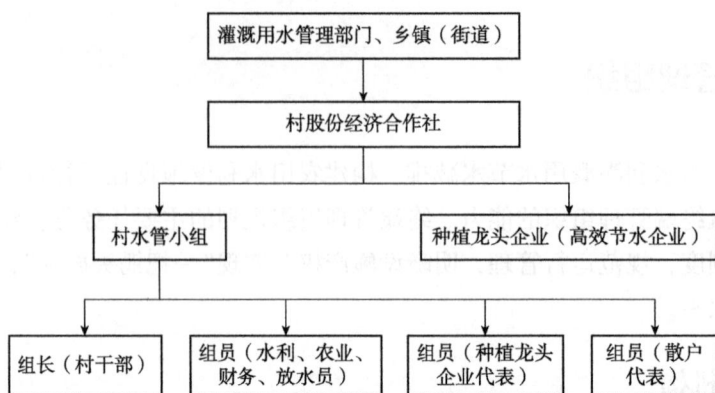

图 5-1　终端管理组织运行结构图

切实提高专业化管护水平和维修养护资金使用效率。

5.1.2　管理制度

建设好村水管小组的日常运行管理制度，是确保村水管小组正常运行的制度基础，规范化的村水管小组必须建立健全科学、完善的运行管理制度。根据各灌区水利工程运行维护和用水管理的要求，制订放水员职责、各灌区用水管理制度、工程设施与设备运行维护制度、村域用水管理制度、水费计收和财务管理制度等一系列规章制度，明确各方权利、责任，提高村水管小组和放水员的综合管理水平，确保各灌区灌溉工作和日常管理工作正常运行。例如：

（1）工程设施与设备运行维护制度

工程设施与设备运行维护制度主要从管理主体、管理责任、检查检修、更新改造、日常保洁、经费筹措等方面作出相应规定。

（2）灌溉管理制度

灌溉管理制度主要从放水员职责、种植面积统计、灌溉定额、灌溉用水计划、灌溉用水调度、灌区面貌、放水巡查、违章用水处罚、旱期应急预案等方面的管理作出相应规定。

各管理制度的参考模式，详见附录中相应内容。

5.1.3　运行管理

为提升村级农田水利灌溉服务能力，须对其进行规范化建设，提高各灌区日常运行管理水平。

（1）加强队伍建设

加强村水管小组的水务科技指导，通过组织培训学习，提高业务管理水平。村管小组队伍中，放水员是落实科学灌溉用水、确保节水减排的关键人物，必须对放水员进行科学灌溉培训，提高思想认识，科学用水调度，精准作物灌溉，使灌溉用水的"总量控制、定额管理"目标能切实落到实处。要关心关爱放水员，保障放水员待遇，实行绩效考核，实施节水奖励机制，落实放水员休养、退休政策，及时引进、定期培养中青年放水员，提高放水员信息化管理水平，保障全规划区域范围内放水员队伍的稳定健康发展。

（2）加大资金投入

水利是农业的命脉，灌溉用水是粮食安全的底线保障，坚持把农业农村作为一般公共预算优先保障领域，财政预算内投资进一步向农业水利设施倾斜，要把农田水利建设、维修养护和放水员工资等列入政府每年的年度财政预算，确保灌区的末端水利工程建设、运行维护管理稳定的财务需求。要制订落实提高土地出让收益用于农田水利灌溉设施规划建设比例的考核办法，确保按规定提高用于农田水利灌溉设施建设和运行管理的比例。要进一步完善涉农资金统筹整合长效机制，支持地方政府发行一般债券和专项债券用于现代农田水利灌溉设施建设，制订出台操作指引。发挥财政投入引领作用，支持以市场化方式设立乡村用水灌溉设施建设基金，撬动金融资本、社会力量参与，重点支持农田水利灌溉设施发展。

适时组织农田水利灌溉用水成本监审，认真研究评估和调整现行的精准补贴和节水奖励政策，多渠道、多层次筹集奖补资金，建立健全稳定的奖补机制，确保奖补资金足额落实。精准补贴重点对象是定额内用水的种粮乡镇（村）和大户等，首先用于解决灌溉设施日常维护费不足的问题。节水奖励重点对象是放水员、农业用水大户等，要以节水量为基本依据，做到有奖有罚。严格资金使用管理，督促乡镇（街道）及时兑现到位。

（3）完善标识标牌

在典型灌区范围内宜设置灌溉工程简介、节水减排宣传、岗位职责、操作规程等标识标牌，内容应简洁明了，突出重点，安装位置醒目，让百姓了解农田水利灌溉工作，支持农田水利灌溉日常运营管理，方便广大群众咨询、民主监督，助力农田水利灌溉节水减排工作正常开展。标志标牌的内容要充分整合，切忌一项内容一块牌、标牌林立、杂乱无章，因此标识标牌的整体布局、制作形式、风格、色彩、材质等要进行综合规划设计，要充分反映它所处的环境特点，体现当地文化特色，赋予当地文化内涵，要紧密结合灌溉泵闸站设施，形成综合性的景墙、景架等景观亮点，使它成为服务农业、农村、农民等"三农"、美丽乡村建设的一个有机组成部分。

5.1.4　资产权证

在加大农田水利设施建设投入的同时，宜建立农田水利灌溉工程设施所有权证、使用权证、管护责任书等"两证一书"制度，有条件的地方应建立电子产权证、码上产权，按照"谁投资、谁所有"的原则，厘清产权归属，建立健全工程资产档案。按照农田水利灌溉工程设施的投资主体不同，可依法继承、转让、出租或抵押；征收、征用农田水利灌溉工程设施，按照国家有关规定给予合理补偿；占用农田水利灌溉工程，按照《农田水利条例》等有关规定处理。积极探索将村级农田水利设施资产转化为集体股权或量化到受益农户，壮大农村集体经济组织实力，增加农民财产性收入。积极探索农田水利灌溉工程产权评估、权证抵押和融资贷款等模式，争取金融贷款等支持，盘活村级资产，壮大村级集体经济实力，拓宽农田水利灌溉基本建设等的融资渠道，调动各方参与建设和管护的积极性。

农田水利灌溉工程产权管理主要包括山塘、泵站、渠道、堰坝和闸门等设施的登记造册和产权证的颁发。例如，山塘统计样表见表5-1。

表 5-1　登记山塘产权样表

序号	乡镇(街道)名称	山塘名称	最大坝高/m	库容/万 m³	山塘类型	权证号
1	××	××				

建立农田水利灌溉工程产权的一般程序：

(1)产权鉴定

①个人出资建设的农田水利灌溉设施产权，归投资者个人所有。

②财政出资建设的农田水利灌溉设施产权，为了壮大村集体资产，增强村集体造血功能，一般操作是：小型取水泵站或渠道流量 1m³/s 及以下的灌溉排水工程产权，属所在村集体所有；库容在 10 万 m³ 以下的山塘产权，属所在村集体所有；喷滴灌等高效节水灌溉工程，产权属工程所在村集体所有。

③以国家投资为主修建的乡、村集中供水工程产权属国家所有，由当地政府授权水行政主管部门或者所在地乡镇(街道)政府行使出资人权利进行资产处置和监管；以国家、集体和群众共同投资投劳为主修建的乡、村小型灌溉工程产权，属于工程所在村集体所有。

(2)产权移交

政府财政投资的工程设施，建设竣工验收后可以通过直接划拨方式移交给工程所在村集体。通过股份量化、股份合作等形式建设的农田水利灌溉工程设施，可以将股权或量化后的权益给到受益用户，增加农村集体经济组织的财产性收入，壮大村集体经济实力。

(3)登记颁证

乡村农田水利灌溉设施建设竣工验收后，按照"谁投资、谁所有"的原则，厘清产权归属，及时明确颁发农田小型水利工程所有权证、使用权证、管护责任书等，由当地人民政府统一监制、人民政府授权行业主管部门对灌区的农田水利灌溉工程设施进行登记造册、核发，全面核定工程产权、颁发产权证书，并及时汇总整理建档。

随着"互联网+"技术发展，全行政辖区的各村都应该建立了统一的"农村集体'三资'监管系统"在线平台，对村级所有的山塘、泵站、水闸、灌溉水渠等单体性小型水利工程，进行了确权后实时上线。有些地方对每一座泵站、水闸、水渠等农田水利灌溉设施都设置了二维码，扫码就能查询该设施的空间位置、基本属性、技术指标和资产情况等综合信息，实现农田水利设施产权管理"码上"数字化(图5-2)。

图 5-2　数字产权示例

5.2　农田用水定额规划

5.2.1　定额确定

农田水利灌溉用水定额是强化农业节水、落实国家实行最严格水资源管理制度的一项重要工作，它跟农田水利灌溉水有效利用系数密切相关。农田水利灌溉水有效利用系数是国家确定水资源管理"三条红线"控制目标的一项重要指标，列入了各省（自治区、直辖市）、市、县（区）"五水共治"等多项考核任务，是衡量灌溉工程状况、节水灌溉技术普及程度和用水管理水平的一项重要指标，也是科学制订灌溉发展目标和分析节水潜力的主要依据来源，对促进当地节水灌溉健康发展具有十分重要意义。

乡村农田水利灌溉定额的确定方法一般来说有两种：第一种方法是参照当地省级水行政主管部门制定的《农田用水定额》，根据当地区域农业种植结构，通过种植面积加权平均得到田间毛灌溉定额，综合考虑从定额控制点到田间的输水损失，便可得到量水点的控制定额。该方法是以省级定额标准为依据，实施合理性有保证，但没有考虑各县、市等现状用水管理水平的差异性，实际操作相对烦琐。第二种方法是以当地区域近3~5年的亩均灌溉定额为依据，该种方法综合考虑了各地现状农田水利灌溉管理水平的差异性，概念清晰，可操作性强，但要求当地区域农业种植结构相对比较稳定。

下面以上述第一种方法为例，说明灌溉用水定额的计算方法：参照某省《农田用水定额》，结合当地典型灌区的渠系水有效利用系数（采用灌溉水有效利用系数测算成果）及用水管理水平综合确定。计算公式如下：

$$M = K\frac{J}{\eta} \tag{5-1}$$

式中，$M_{目标}$是目标毛灌溉用水定额（m³/亩）；J是进入田间的灌溉用水定额（m³/亩）；η是渠系水有效利用系数；K是灌区管理水平修正系数。

（1）系数确定

根据历年《某地区农田水利灌溉水有效利用系数测算分析报告》，当地连续几年的农田水利灌溉水有效利用系数见表5-2。

表5-2　某地农田水利灌溉水有效利用系数

年份/年	2021	2020	2019	2018	2017	2016	2015	2014	2013
农田水利灌溉水有效利用系数	0.622	0.620	0.618	0.615	0.609	0.604	0.600	0.598	0.595

参考历年的农田水利灌溉水有效利用系数，渠系水利用系数η取某年农田水利灌溉水有效利用系数。比如取渠系水利用系数η为0.609，根据实地调研了解到当地典型灌区农田水利设施现状良好，部分渠道渗水、淤积，现状用水管理基本由村集体、村股份经济合作社负责，经土地流转的田地由种植大户负责管理，但均缺乏相应的管理责任制度和灌溉管理制度等相关制度，用水管理存在一定缺陷，故管理水平修正系数K取1.2。

（2）用水定额计算

按照用水定额计算确定方法，代入式(5-1)中，得出不同作物的控制用水定额，见表5-3。

表5-3　作物控制用水定额情况样表

序号	作物	用水定额/(m³/亩)	备注
1	水稻—小麦	936	水稻、小麦轮作
2	蔬菜	195	取复种指数为3.5
3	水果	134	以葡萄、蜜梨为代表

注：表中控制用水定额实施一年后，如与当地实测情况有出入，可酌情调整。

5.2.2　典型灌区用水定额

以浙江某地典型灌溉区域的作物单季稻、小麦、大白菜、小白菜、长瓜、蜜梨和葡萄等种植为例，不同灌溉保证率下单季稻、小麦、大白菜、小白菜、长瓜、蜜梨和葡萄的灌溉定额见表5-4。

根据农田水利灌溉分区表，可判定该灌溉区是属于哪个区域，然后根据当地多年降雨水平，可判定为平水年情况，由此确定该区域农田水利灌溉定额以平水年为基准计算。按照不同作物确定作物净灌溉定额 J，具体见表5-5。

表5-4 农田水利灌溉定额摘录

作物名称	保证率	栽培方式	灌溉方式	灌溉分区/（m³/亩）					
				I	II	III	IV	V	VI
单季稻	50%	露地	淹灌	330	330	280	295	250	270
		露地	薄露灌溉	220	220	230	260	205	240
		露地	间歇灌溉	240	240	240	260	210	250
	75%	露地	淹灌	440	430	350	355	320	335
		露地	薄露灌溉	270	270	280	315	265	295
		露地	间歇灌溉	290	290	290	320	270	300
	90%	露地	淹灌	480	470	400	395	370	385
		露地	薄露灌溉	300	300	300	305	300	305
		露地	间歇灌溉	320	320	300	325	320	325
小麦	50%	露地	地面灌溉	5*	5*	5*	5*	5*	5*
	75%			35	35	30	40	30	40
	90%			45	45	40	50	40	50
小白菜	50%	保护地	地面灌溉	40	40	40	40	40	40
		露地		5*	5*	5*	5*	5*	5*
	75%	保护地		45	45	45	45	45	45
		露地		10	10	10	15	10	15
	90%	保护地		50	50	50	50	50	50
		露地		30	25	25	35	25	30
长瓜	50%	保护地	地面灌溉	20	20	20	20	20	20
		露地		5*	5*	5*	5*	5*	5*
	75%	保护地		30	30	30	30	30	30
		露地		15	10	10	15	10	15
	90%	保护地		40	40	40	40	40	40
		露地		30	25	25	30	23	30
大白菜	50%	保护地	地面灌溉	20	20	20	20	20	20
		露地		5*	5*	5*	5*	5*	5*
	75%	保护地		25	25	25	25	25	25
		露地		10	10	10	15	10	15
	90%	保护地		30	30	30	30	30	30
		露地		25	20	20	25	20	25

(续)

作物名称	保证率	栽培方式	灌溉方式	灌溉分区/(m³/亩)					
				Ⅰ	Ⅱ	Ⅲ	Ⅳ	Ⅴ	Ⅵ
蜜梨	50%	保护地	微喷灌	55	50	50	60	50	50
		露地		20	20	20	25	20	20
	75%	保护地		80	75	70	80	70	75
		露地		55	50	50	60	50	50
	90%	保护地		110	110	105	115	105	110
		露地		80	75	75	85	70	80
葡萄	50%	保护地	滴灌	75	75	75	90	75	80
		露地		85	80	80	95	80	80
	75%	保护地		80	80	80	110	80	100
		露地		115	110	105	125	110	105
	90%	保护地		80	80	80	120	80	110
		露地		140	130	130	150	130	135

注：①杭嘉湖平原区(Ⅰ)、萧绍甬平原区(Ⅱ)、浙东沿海平原区(Ⅲ)、山区(Ⅳ)、海岛地区(Ⅴ)、浙中丘陵盆地地区(Ⅵ)。②其中带 * 表示作物只需在播种前少量灌溉,生长期可不灌溉。

表 5-5　作物净灌溉用水定额

按作物分区作物	作物	灌溉方式	栽培方式	净灌溉用水定额/(m³/亩)	备注
水稻—小麦	单季稻	淹灌	露地	475	水稻、小麦轮作
	小麦	地面灌溉	露地		
蔬菜	小白菜	地面灌溉	保护地	99	取复种指数为 3.5
	长瓜	地面灌溉	露地		
	大白菜	地面灌溉	保护地		
水果	葡萄	地面灌溉	保护地	68	以葡萄、蜜梨为代表
	蜜梨	地面灌溉	露地		

5.2.3　定额修正

　　表 5-4 和表 5-5 所列的用水定额为当地多年平均降雨情况(接近平水年)的控制定额,基于该控制定额制订的灌溉用水计划,为各灌区放水员实行总量控制、定额管理提供了依据。实际在运行中,降雨频率是随机的,只有当灌溉期结束后才能分析出当年的降雨频率(或水文年型)。因此,需要根据当地当年实际降雨分布情况对用水定额进行修正,使得用于考核的用水定额更加符合实际情况(表 5-6)。

表 5-6　某地丰水年及枯水年作物控制用水定额情况表

序号	作物	保证率	用水定额/（m³/亩）	备注
1	水稻—小麦	50%	660	水稻、小麦轮作
		90%	1034	
2	蔬菜	50%	149	取复种指数为3.5
		90%	253	
3	水果	50%	94	以葡萄、蜜梨为代表
		90%	158	

根据资料情况可选择如下修正方法：

①根据当地当年的实际降雨情况分析降雨频率（水文年型），选择典型作物（如水稻）利用上级定额标准进行内插（外延），获得该降雨频率（水文年型）的定额值。

②根据当地区域多年平均及当年实际降雨分布资料，结合典型作物的需水量、灌溉控制标准等参数，利用农田水量平衡原理计算分析两种工况的理论灌溉定额，利用理论灌溉定额的相对关系对用水定额进行修正，获得当年实际降雨年型的用水定额。

5.3　农田水利灌溉用水量规划

在稳定粮食产量和产能的基础上，因地制宜调整优化种植结构，加强农田水利灌溉用水需求管理。适度调减存在地表水过度利用、地下水严重超采等问题的水资源短缺地区高耗水作物面积。选育推广需水少的耐旱节水作物，建立作物生育阶段与天然降水相匹配的农业种植结构与种植制度。大力推广管灌、滴灌等节水技术，集成发展水肥一体化、水肥药一体化技术，积极推广农机农艺相结合的深松整地、覆盖保墒等措施，提升天然降水利用效率。开展节水农业试验示范和技术培训，提高农民科学用水技术水平。

5.3.1　典型灌区用水量

一般地，根据灌溉用水控制的定额及各灌区的种植结构，可计算得出各灌区综合控制定额，而灌区综合控制定额是由典型灌区综合控制定额推算得出的。因此，只要根据各典型灌区种植结构和典型灌区综合控制定额，就能够推算出典型灌区的总控制用水量。典型灌区的用水综合控制定额和总控制用水量计算方法如下（表 5-7）：

总控制用水量=作物 1 有效灌溉面积×作物 1 用水控制定额+作物 2

有效灌溉面积×作物 2 用水控制定额+⋯+作物 n　　　　　(5-2)

有效灌溉面积×作物 n 用水控制定额

表 5-7 某典型灌区控制定额和总控制用水量

典型灌区		作物种类	有效灌溉面积/亩	作物用水控制定额/(m³/亩)	综合控制定额/(m³/亩)	总控制用水量/(万 m³)
乡镇(街道)	村					
××街道	××村	水稻—小麦	1400	936	741	140.79
		蔬菜	500	195		
	××村	水稻—小麦	870	936	690	87.59
		蔬菜	130	195		
		水果	270	134		
	××村	水稻—小麦	1461	936	862	139.93
		蔬菜	163	195		
××镇	××村	水稻—小麦	550	936	813	52.82
		水果	100	134		
	××村	水果	1500	134	134	20.10

$$综合控制定额 = 总控制用水量/(作物1有效灌溉面积 + 作物2$$
$$有效灌溉面积 + \cdots + 作物 n 有效灌溉面积) \tag{5-3}$$

5.3.2 灌溉用水总量

灌区灌溉用水总量规划制订步骤，包括：

①开展灌区情况调查：对灌区历年的灌溉情况进行调查，收集田间灌水次数、灌水时间、灌溉水层等信息；调查灌区渠道长度、渗透情况以及灌区主要的灌溉作物。

②灌区作物需水特性分析：利用当地试验站多年的灌溉试验成果，分析灌区主要耗水作物的需水特性(如需水量、需水规律等)。

③确定田间灌溉制度：根据作物日耗水量、灌溉控制水层，典型年的逐日降雨情况，利用田间水平衡原理，模拟计算田间灌溉水情况形成田间灌溉制度，也可直接参照选取的控制定额，按照当地的灌溉经验，分摊到各次灌水定额，形成田间灌溉制度。

④制订灌区初步用水计划：根据灌区渠道长度、流速，考虑轮灌等因素，分析确定从定额控制点到田间的输水时间；分析渠道水利用系数，推算定额控制点每次的毛灌水定额，形成灌区初步用水计划。

⑤形成最终用水计划：根据上述方法和步骤形成的灌区初步用水计划，需征求灌区用水调度管理人员的意见；借鉴灌区已有的灌溉用水调度经验，对初步用水计划进行修正，形成最终计划。

由于水文气象因素具有随机性和不确定性，需根据水文气象变化、田间水分状况以及作物长势等制订用水规划调整方案，主要以"看天、看地、看作物"的灌溉原则，根据降雨预报和田间水分状况来调整用水规划，并以田间水层(水稻)和土壤墒情(旱作物)来进行灌溉控制。

以某地制订单季稻—小麦轮作(平水年, 保证率75%)的灌溉用水规划为例, 用水计划见表5-8。

表5-8 某地灌区单季稻—小麦轮作灌溉用水计划表

作物种类	时期	灌水时间	灌水次数	灌水定量/(m³/亩)	灌溉水量/(m³/亩)
小麦	越冬期	1月	1	15	15
	返青期	3月上旬	1	15	15
	拔节期	3月下旬	1	24	24
单季稻	泡田期	5—6月	1	134	134
	返青期	7月上旬	2	60	120
	分蘖期	7月中下旬	3	63	189
	拔节孕穗	8月上中旬	2	78	156
	抽穗开花	8月下旬	2	78	156
	黄熟	9月	2	56	112
小麦	幼苗期	10—11月	1	15	15
总计		—	16	—	936

5.4 农田水利灌溉水权

农田水利灌溉水权包括所有权和使用权。我国水资源所有权属国家所有, 由国务院代表国家行使, 县级及以上政府分别行使该行政区域范围内的水资源所有权。水资源使用权实行一级行政分配权制度, 同时以每一级行政区为单位, 实行该级行政区域范围内总量控制管理。这里所说的水权, 主要是指水资源的使用权。

以规划行政区域用水总量控制指标为基础, 建立农田水利灌溉用水水权制度, 按照灌溉用水定额, 逐步把指标细化分解到农村集体经济组织、农民用水合作组织、农户等用水主体, 落实到具体水源, 明确水权, 实行总量控制。强化水资源、水商品意识, 鼓励用户有偿转让节水量, 政府或其授权的水行政主管部门、灌区管理单位可予以回购; 在满足区域内农田水利灌溉用水的前提下, 推行节水量跨区域、跨行业转让。

例如, 某地根据水资源公报和上级水行政主管部门下达的最严格水资源管理控制目标, 要求某年用水总量控制指标为6.0015亿m³, 其中农田水利灌溉用水约占总用水量的30.12%, 故该地该年农田水利灌溉用水总量控制指标为1.8077亿m³, 这就是该地当年农田水利灌溉用水的水权。该地再根据这个水权总量, 以农业有效灌溉面积作为权重, 在乡镇(街道)层面对水权进行分解, 作为乡镇(街道)的农田水利灌溉总量控制指标, 见表5-

9。此外，还要进一步分解到乡镇（街道）所属的每一个村以及该村所属每一座泵站、水闸等，如图5-3所示。

表5-9　某地某年农田水利灌溉水权分解表

序号	乡镇（街道）	有效灌溉面积/亩	农田水利灌溉水权指标/m³
	合计	401683	180770001
1	××街道	9858	4436233
2	××街道	11888	5350001
3	××街道	15377	6920069
4	××街道	17529	7888641
5	××街道	607	273070
6	××街道	2013	905618
7	××街道	4339	1952496
8	××街道	47952	21580018
9	××街道	3749	1687176
10	××街道	28393	12777808
11	××街道	16713	7521414
12	××街道	2343	1054429
13	××街道	44516	20033702
14	××街道	41912	18861814
15	××镇	35682	16058104
16	××镇	47344	21306397
17	××镇	50503	22728054
18	××镇	10760	4842363
19	××镇	7706	3467960
20	××镇	2499	1124634

　　我国水权及水权交易还处在起步阶段，这里仅仅对某地水权及其分配模式进行举例说明。将来条件成熟时，可进一步加大水权应用的探索和实践，出台相关水权交易制度，搭建水权交易平台，建立水权交易市场，为科学利用水资源营造良好的社会环境。

图 5-3　某泵站灌溉用水量指标牌

5.5　末级渠系管养规划

加强供给侧结构性改革，加快完善大中小微并举的农田水利工程体系，提高农业供水效率和效益。做好工程维修养护，保障工程良性运行。强化供水计划管理和调度，提高管理单位运行效率，强化监督检查，加强成本控制，建立管理科学、精简高效、服务到位的运行机制，保障合理的灌溉用水需求，有效降低供水成本。

末级渠系维修养护的落实，应明确末级渠系维修养护主体、维修养护职责和维修养护要求。

（1）维修养护主体

一般地，各灌区的维修养护的管理责任主体为村水管小组，或土地流转时协议委托给种植大户，管护主体统一为放水员。

（2）维修养护职责

一般地，末级渠系维修养护职责是：对已建农田水利灌溉工程运行、检查中发现工程或设备中，如果存在局部损坏情况，但又无须通过大修便可恢复工程或设备功能运行的、较小工作量的简单修理和维护。放水员要及时发现并向管理责任主体提出需要维修养护的内容事项清单，维修养护的管理责任主体要及时组织开展正常的维修养护。

（3）维修养护要求

末级渠系维修养护要求对已建农田水利灌溉工程进行经常性保养和防护，及时处理局部、表面轻微的缺陷，保持工程完好、设备完整清洁、功能正常（图5-4），维修养护完成后做好维修养护情况记录，见表5-10。

图 5-4　渠系维养

表 5-10　维修养护情况记录样表

时间	维修养护内容	是否修护	备注	签名

5.6　量水设施管理规划

在安装完成农田水利灌溉量水设施后，各灌区在整个灌溉期内，将对农田水利灌溉用水量实时管理和定量控制。用水量水是确保农田水利灌溉节水减排实施"总量控制、定额管理"的关键，也是后续根据用水绩效评价实施"精准补贴、节水奖励"的重要依据。因此，确保用水量水设施持续稳定地运行至关重要，需要各级加强管理。

（1）管护主体

各灌区的农田水利灌溉量水设施，管理责任主体为村管水小组或受委托的种植大户，管护责任人统一为放水员。

（2）管护内容

各灌区管护主体应按实际情况填写灌溉记录，并定期检查用水量水设施，检查内容包括：设施是否正常运行、数据是否异常、有无人为破坏（图 5-5），并且需要如实填写灌溉记录表和用水量水设施检查记录表（表 5-11、表 5-12）。

图 5-5　量水设施管护

表 5-11　灌溉记录样表

灌溉日期	开机(闸)时间	关机(闸)时间	备注	签名

表 5-12　用水量水设施检查记录样表

日期	设施是否正常运行	数据是否存在异常	有无人为破坏	备注	签名

(3)管护要求

①做好定期巡查工作：灌溉期间，要求各灌区放水员对量水设施进行定期巡查，发现问题及时反馈给主管部门。

②及时清理用水量水设施附近的渠道淤积物：发现有泥沙、杂物等淤积时，要及时清理，确保用水量水设施在良好的工况下运行。

③做好用水量水设备的维护：用水量水设施使用有严格规定，各灌区放水员要按操作说明进行操作，并及时清理设备的堵塞物，发现异常情况，及时反馈。

④做好用水量水记录工作：记录每次灌溉开始与结束时间，及时对自动传送到"农田水利灌溉信息化管理平台"的数据进行提取，整理相关数据并按时上报。

5.7　节水技术规划

农田水利灌溉节水减排是一项综合性的工程，通过灌溉用水综合规划、建设管理，除了田间水利设施得到进一步提高、末级渠系终端管理得到加强外，还需向广大农田水利灌溉主体普及农田水利灌溉节水减排技术，以达到节水减排要求。

5.7.1 工程节水技术

①水稻区：在有条件的基础上建议推广低压管道灌溉工程技术，主要利用埋设在地下的 PE 等管道进行输水灌溉。该技术具有节水效果突出、运行管理方便、占地面积少等特点。

②经济作物区：在有条件的地区建议推广喷微灌、智能化喷微灌等高效节水灌溉工程技术，可有效促进农业生产用水节水减排。

5.7.2 灌溉节水技术

根据多年的研究，要逐步形成与当地情况相适应的不同区域、种植品种、灌溉节水技术。比如：某地的水稻区适宜推广薄露灌溉技术或者间歇灌溉技术。薄露灌溉技术见表5-13。

表5-13 田间水层控制标准表

控制指标	泡田期	返青期	分蘖前期	分蘖后期	拔节孕穗	抽穗开花	乳熟期	黄熟期
灌溉次数	1	1	2	晒田	2	1	2	落干
水层控制/mm	/	20~50	20~50		20~120	30~100	20~60	/
土层情况	/	表层露面	田面微裂	裂1cm	表土露面	表土露面	田面微裂	/

实际灌溉过程中，若后续 3 天之内预报有中雨、大雨或暴雨，虽然田间水分状况到达控制下限，但灌水计划应推后；若后续 3 天之内预报有小雨，田间水分状况到达控制下限，如期灌水，但灌水定额可根据田间土壤、作物长势等实际情况减少20%以内。如遇霜冻或干旱热风天气，田间水层不足防冻或抗热要求时，灌水计划宜提前 1~2 天。

5.8 智慧灌区建设

充分利用信息技术，以物联网、大数据、云计算、人工智能等高新技术为主导，以计算机通信网络和各采集控制终端为基础，按照智慧灌区与水源工程、骨干工程、田间工程、计量设施同步建设以及先试点后推广的原则，聚焦数字灌区立体感知体系、自动控制体系、智能应用体系、支撑保障体系等四大体系，即着眼数字化、网络化、智能化水平提升，借鉴发达国家及先进地区经验，提出用渠系建筑物安全状况、水量、雨情、水情、工情、墒情等自动采集传输与处理，以及闸门远程控制、作物需水和旱情监测、灌溉用水自动化调度、灌区管理等系统的建设任务。初步建成集高新技术应用为一体的农田水利灌区发展规划智慧管理平台(图5-6)，基本实现信息数字化、控制自动化、决策智能化、台账电子化，使得感知内容全覆盖，采集信息全掌握，传输时间全天候，应用贯穿全过程，监管查询全时空。

图 5-6 用水智慧监管平台

　　为了更方便、及时、有效地推进农田水利灌溉综合规划实施，落实好节水减排的目标，包括定额控制、终端管理、机制建设、综合考评、实时监管、信息台账等统筹落地，实现农田水利灌溉数据监管和统计应用的时效性、准确性、便捷性，提高用水组织管理工作效率，减少后期运维人力成本，建议在当地行政辖区内建立统一的农田水利灌溉综合规划智慧管理平台，将基础数据连入互联网，实现实时监管，并建立电子台账。为实现多规合一，避免重复建设，建议将农田水利灌溉综合规划智慧管理平台与城乡国土空间规划管理平台相融合。

　　智慧管理平台的主要内容：灌区空间规模等信息、用水定额、工程设施有关数据、灌溉用水实时情况、工程维修养护、财政资金、数据统计、绩效考核、村级"八个一"台账和资料整合等内容。简述如下：

　　(1) 工程数据监测

　　工程数据监测主要内容为工程基本信息、供水设施情况、用水管理情况、精准补贴情况、节水奖励等情况。

　　工程基本信息应包含用水组织、工程面貌、人员岗位和规章制度等信息；供水设施情况应包含设施的分布情况和完好率；用水管理情况即为实时的用水情况，展示年度的额定用水量和实际用水量；精准补贴情况应包括精准补贴机制、补贴记录；节水奖励情况应包括节水奖励机制、奖励记录等。

　　(2) 工程维修养护

　　维养统计展示每一年维修养护项目类型及其数目，每年更新。

　　(3) 财政资金落实情况

　　财政资金情况展示资金保障来源和资金落实情况(包括精准补贴、节水奖励、土地出

81

让及流转提成等)。

(4)村级"八个一"台账

村一级农田水利灌溉规划的落地实施,可简要归纳为"八个一",即一个用水组织、一本产权证书、一笔管护经费、一套规章制度、一册管护台账、一条节水杠子、一种计量方法、一把锄头放水。内容全面,形象生动,便于记忆,有利于推广使用。

(5)数据统计和资料整合

主要是针对农田水利灌溉综合规划、建设、管理等实施情况而建立明细台账,可以设置查询时间段来查询某一时间段的灌溉用水数据,查看灌溉用水详情等,便于监督规划实施,有利于开展规划实效评估工作,不断提升规划绩效。电子台账中主要显示灌区规划有关指标、灌溉用水日志、泵站运行情况、节水减排情况、绩效考核及奖励和补助资金使用等。村级规划落地实施情况,可以上传"八个一"实施台账。

6 机制建设规划

6.1 指导思想

　　牢固树立创新、协调、绿色、开放、共享的新发展理念，围绕保障国家粮食安全和水安全，落实节水优先方针，加强农田水利灌溉供给侧结构性改革和农田水利灌溉用水需求管理，坚持使市场在资源配置中起决定性作用和更好发挥政府作用，政府和市场协同发力，以保障粮食安全和水安全为目标，以完善农田水利灌溉工程体系为基础，以健全农田水利灌溉用水水价形成机制为核心，以创新体制机制为动力，逐步提升农田水利灌溉规模和品质，建立农田水利灌溉用水量控制和定额管理制度，提高农业用水效率，促进实现农田水利灌溉现代化。

6.2 基本原则

　　认真贯彻实施"以水定城、以水定地、以水定人、以水定产"方针，将水资源开发利用限定在水资源承载力范围内，既要保障社会经济高质量发展，又要让生态环境得到有效保护。这既是编制、实施农田水利灌溉规划的重要原则，也是推动水资源集约节约利用、破解水资源瓶颈的关键举措。

　　①坚持综合施策：加强农田水利灌溉用水水价改革与其他相关改革的衔接，综合运用工程配套、管理创新、价格调整、财政奖补、技术推广、结构优化等举措，统筹推进农田水利灌溉发展建设。

　　②坚持两手发力：既要使市场在资源配置中起决定性作用，促进农业节水，也要更好发挥政府作用，保障粮食等重要农作物合理用水需求，总体上不增加农民负担。

　　③坚持供需统筹：既要强化供水管理，健全运行机制，提高供水服务效率，也要把需

求管理摆在更加突出的位置，全面提高农田水利灌溉用水精细化管理水平，推动农田水利灌溉用水方式转变。

④坚持因地制宜：区分不同地区水资源禀赋、灌溉条件、经济发展水平、种植养殖结构等差异状况，结合土地流转、农业经营方式转变，尊重农民意愿，探索符合实际、各具特色的做法，有计划、分步骤地推进。

6.3 总体目标

建立健全合理反映供水成本、有利于灌溉用水节水和农田水利体制机制创新与投融资体制相适应的农田水利灌溉用水水价形成机制；农田水利灌溉用水价格总体达到运行维护成本水平，农田水利灌溉用水总量控制和定额管理普遍实行，可持续的精准补贴和节水奖励机制基本建立，先进适用的农田水利灌溉节水技术措施普遍应用，农业种植结构实现优化调整，促进农田水利灌溉用水方式由粗放式向集约化转变。

6.4 水价形成机制规划

6.4.1 基本要求

(1)分级制订农业水价

农田水利灌溉水价按照价格管理权限实行分级管理。大、中型灌区骨干工程农田水利灌溉水价原则上实行政府定价，具备条件的可由供需双方在平等自愿的基础上，按照促进节水、保障工程良性运行和有利于农业生产发展的原则协商定价；大、中型灌区末级渠系和小型灌区农田水利灌溉水价，可实行政府定价，也可实行协商定价，具体方式由各地自行确定。加强政府定价成本监审，充分利用节水改造腾出空间，综合考虑供水成本、水资源稀缺程度以及用户承受能力等，合理制订供水工程各环节水价并适时调整。供水价格原则上应达到或逐步提高到运行维护成本水平；确有困难的地区要尽量提高并采取综合措施保障工程良性运行。水资源紧缺、用户承受能力强的地区，农业水价可提高到完全成本水平。

(2)实行分类水价

区别粮食作物、经济作物、养殖业等灌溉用水类型，在终端用水环节探索实行分类水价。统筹考虑用水量、生产效益、区域农业发展政策等，合理确定各类用水价格，用水量大或附加值高的经济作物和养殖业用水价格可高于其他用水类型。地下水超采区要采取有效措施，使地下水用水成本高于当地地表水，促进地下水采补平衡和生态改善。合理制订地下水资源费(税)征收标准，严格控制地下水超采。

(3)推行分档水价

实行农田水利灌溉用水定额管理，逐步实行超定额累进加价制度，合理确定阶梯和加价幅度，促进农业节水。因地制宜探索实行两部制水价和季节水价制度，用水量年际变化较大的地区，可实行基本水价和计量水价相结合的两部制水价；用水量受季节影响较大的地区，可实行丰枯季节水价。

根据农田水利灌溉用水水价定价成本核算方法，水价成本由日常维修养护成本、供水动力成本和人工成本构成。规划建议采用典型调研的方式，分别选择平原、山区的典型灌区开展农田水利灌溉用水运行管理成本(维养、动力、工资)、奖补资金等情况调查，测算水价成本，为出台粮食作物和经济作物分类、分档水价提供基础依据。

规划编制中，要求农田水利灌溉用水水价，原则上应达到或逐步提高到运行维护成本水平，综合提出规划范围内农田水利灌溉用水分类水价，为建立长效农田水利灌溉用水水价机制奠定良好的基础。

为实现农田水利灌溉用水"节水减排"目标，根据当前灌溉用水状况，以"不明显增加农民负担、不断激励农户节水"为原则，在灌溉用水"定额管理、总量控制"的基础上，研究制订了超定额累进加价制度，对农田水利灌溉用水超过定额的实行梯级水价，逐步推行分档水价。例如，可以分为 3 个阶梯，阶梯幅度设定为超定额 20%以内、20%~30%(含 20%)和 30%以上(含 30%)3 个档次，分档次分别给予每亩的奖励、超额幅度与节水成效考核直接相关，与精准补贴和节水奖励密切挂钩。有条件的地区，还可以利用信息化管理考核平台对每个灌区、每座泵站、水闸、堰坝等进行单独核算，采用"以电折水"方式核算灌溉用水量，依据考核结果确定各乡镇(街道)、村、种植大户等节水奖励额度。

6.4.2 水价分析方法

乡村农田水利灌溉水价成本一般由骨干工程成本水价和末级渠系成本水价组成。若属于大、中型及其以上灌区骨干工程，则需要计算骨干工程成本水价；若没有大、中型及其以上灌区骨干工程，则仅计算末级渠系成本水价。如果中型和中型以上灌区的干渠及干渠以下骨干工程的维修养护和运行成本，是由末端受益方直接向上一级政府提出需求，且再由上一级政府拨款至受益方进行维修的，那么，该中型及其以上灌区干渠及以下骨干工程的成本水价已分摊至末级渠系成本水价中，故这类骨干工程成本水价就可以仅计算干渠以上骨干工程(即水源工程)成本水价即可。骨干工程灌溉供水总成本计算公式为：

$$M = \sum (Z + D + Y + R + L + G) \times \alpha_f \times k_1 \times k_2 \qquad (6\text{-}1)$$

式中，M 是灌区灌溉供水总成本(万元)；Z 是灌区水利工程固定资产折旧费(万元)；D 是灌区水利工程固定资产大修理费(万元)；Y 是灌区水利工程固定资产维修养护费(万元)；R 是灌区水利工程人工费(万元)；L 是灌区水利工程燃料动力费(万元)；G 是灌区水利工程公共费用(万元)；α_f 是防洪与兴利分摊系数；k_1 是生产经营分摊比例；k_2 是农业供水分配系数。

末级工程运行维护成本一般包括工程设施运行维护费、人员经费、动力费等。灌区灌溉供水总成本计算公式为：

$$M = Y + R + D \tag{6-2}$$

式中，M 是灌区灌溉供水总成本（万元）；Y 是灌区水利工程日常维修养护费用（万元），根据当地省级水利工程维修养护定额标准确定；R 是灌区水利工程人工费（万元）；D 是灌区水利工程公用费用（万元）。

灌溉总成本在灌溉供水量或面积上的分摊结果的计算公式如下：

$$\begin{aligned} C_1 &= M/Q \\ C_2 &= M/S \end{aligned} \tag{6-3}$$

式中，C_1 是单位供水量的灌溉成本（万元/m³）；M 是灌区灌溉供水总成本（万元）；Q 是灌溉供水量（万/m³）；C_2 是单位灌溉面积上的灌溉成本（万/亩）；S 是灌溉面积（万亩）。

6.4.3 水价成本测算

（1）骨干工程水价成本测算

中型及其以上水库灌区骨干工程固定资产为水源工程固定资产。例如：根据某中型水库库容、防洪库容、总库容等指标（表9-1），在75%保证率的前提下，年农田水利灌溉供水量约为32万 m³，95%保证率的年生活用水供水量约为512万 m³，则兴利分摊系数为：

$$\alpha_f = \frac{1453}{1453 + 1541} \approx 0.49 \tag{6-4}$$

农业供水分配系数为：

$$k_2 = \frac{125 \times 75\%}{125 \times 75\% + 545 \times 95\%} \approx 0.15 \tag{6-5}$$

表 9-1　某中型水库灌区骨干工程成本水价计算案例

类别		灌区分摊值
固定资产/万元		315.14
灌溉成本因子/万元	折旧费	12.34
	大修理费	8.98
	人工成本费	18.54
	维修养护费	9.92
	公共费用	5.86
合计/万元		370.78
单位灌溉供水成本/（元/亩）	按设计灌溉面积	105.94（3.5万亩）
	按实际灌溉面积	148.31（2.5万亩）

（2）末级渠系水价成本测算

分别以平原区、山区典型灌区为例，详细说明农田水利灌溉水价成本测算过程。

①维修养护成本：对于平原区典型灌区，需要调查规划范围内提水泵站、总装机容量、最大机组功率、灌排渠道长度（$0.1\mathrm{m^3/s} > Q \geqslant 0.05\mathrm{m^3/s}$）等情况，根据小型农田水利灌溉工程维护等级划分，确定渠道维修养护等级。根据实际调查，得出平原典型灌区现状维修养护成本。根据当地省级水利工程维护养护定额标准，查询得出对应该平原区典型灌区小型提水泵站维修养护测算成本、渠道工程的维修养护测算成本，则得出该平原区典型灌区测算的维修养护成本，以某地为例，见表6-2。

对于山区典型灌区，需要调查确定范围内灌溉堰坝数量（$V \leqslant 200\mathrm{m^3}$），并根据灌区工程维护等级划分确定堰坝维修养护等级；调查摸清灌区干渠长度（$3\mathrm{m^3/s} > Q \geqslant 1\mathrm{m^3/s}$），并根据灌区工程维护等级划分确定渠道维修养护等级；调查确定典型灌区范围内建有灌排渠道的长度（$0.1\mathrm{m^3/s} > Q \geqslant 0.05\mathrm{m^3/s}$），并根据小型农田水利灌溉工程维护等级划分，确定渠道维修养护等级。根据实际调查，得出典型灌区现状每年维修养护的成本。根据当地省级水利工程维护养护定额标准，确定典型灌区堰坝工程每年维修养护测算成本、渠道工程的每年维修养护测算成本，由此则得出山区典型灌区测算的维修养护成本，以某地为例，见表6-2。

表6-2 平原区和山区典型灌区维修养护成本测算样表

典型灌区	费用类别		现状费用		测算费用	
			标准	金额/(元/年)	标准	金额/(元/年)
平原区典型灌区	维修养护成本	泵站工程	根据实际调查数据	130000	5829元/座	174870
		渠道工程			168元/km	2604
	合计			130000		177474
山区典型灌区	维修养护成本	堰坝工程	根据实际调查数据	5000	1793元/座	7172
		渠道工程			994元/km	2293
					168元/km	
	合计			5000		9465

②供水人工成本：平原区典型灌区灌溉面积均为泵站提水灌溉，通过实地调研，根据提水泵站数量、放水员对放水、灌区巡查、用水量水设施和水利设施管护等工作内容，得出该典型灌区人工成本。

对于自流灌溉的山区典型灌区，水价成本主要由放水员对闸门的开关、灌区巡查、用水量水设施和水利设施管护等几个方面的工作量，确定灌区的人工成本，以某地为例，见表6-3。

表 6-3　平原区和山区典型灌区人工成本测算样表

典型灌区	费用类别		现状费用		测算费用	
			标准	金额/(元/年)	标准/(元/年)	金额/(元/年)
平原区典型灌区	供水人工成本	放水员等运行管理	根据实际调查数据	33600	放水员：55200	55200
	合计		33600		55200	
山区典型灌区	供水人工成本	放水员等运行管理	根据实际调查数据	9000	放水员：14400	14400
	合计		9000		14400	

③供水动力成本：根据调查，某地平原区典型灌区的供水动力成本为提水泵站每年灌溉电费，以某地为例，见表 6-4。山区典型灌区为自流灌溉，无供水动力成本。

表 6-4　平原区典型灌区供水动力成本测算样表

费用类别		现状费用		测算费用	
		标准	金额/(元/年)	标准	金额/(元/年)
供水动力成本	机埠提水费用	根据实际调查数据	85000	节水减排实施后，供水动力成本下降	72000
合计		85000		72000	

综上所述，某地平原区典型灌区和山区典型灌区成本水价计算见表 6-5。

表 6-5　平原区和山区典型灌区水价成本测算样表

典型灌区	面积/亩	名称	费用类别	现状费用	测算费用
平原区典型灌区	4794	运行管理	运行维护成本/(元/年)	130000	177474
			人工成本/(元/年)	33600	55200
		供水成本	供水动力成本/(元/年)	85000	72000
			按灌溉面积/(元/亩)	52	64
山区典型灌区	1200	运行管理	运行维护成本/(元/年)	5000	9465
			人工成本/(元/年)	9000	14400
		供水成本	供水动力成本/(元/年)	—	—
			按灌溉面积/(元/亩)	12	20

根据以上方法，各个典型灌区的水价成本测算情况，以某地为例见表 6-6。

表 6-6 典型灌区水价成本测算样表

分区	灌区名称	面积/亩	类别	维修养护成本/元	供水人工成本/元	供水动力成本/元	成本水价/（元/m³）	灌溉方式
平原区	××典型灌区	4794	现状	130000	33600	85000	52	水泵提水灌溉
			测算	177474	55200	72000	64	
	××典型灌区	821	现状	—	10000	15040	31	水泵提水灌溉
			测算	20298	12000	13536	56	
	××典型灌区	450	现状	11000	2100	3962	38	水泵提水灌溉
			测算	12565	5500	3169	47	
山区	××典型灌区	2150	现状	7000	12000	10000	14	自流灌溉+水泵提水灌溉
			测算	12028	19200	8840	19	
	××典型灌区	1200	现状	5000	9000	—	12	自流灌溉
			测算	9465	14400	—	20	
	××典型灌区	1100	现状	37538	2000	432	36	自流灌溉+水泵提水灌溉
			测算	44856	12000	432	52	

（3）执行水价

根据当地相关政策文件的精神和要求，乡村农田水利灌溉价格应达到运行维护成本水平，因此，执行水价按简单可行、操作方便、符合当地实际的原则提出。一般地，由各典型灌区测算成本水价加权平均，分别得出平原区、山区的执行水价，以某地为例，见表6-7。

表 6-7 执行水价测算样表

分区	灌区名称	面积/亩	测算成本水价/（元/亩）	当地平均水价取值/（元/亩）	备注
平原区	××典型灌区	4794	64	62	
	××典型灌区	821	56		
	××典型灌区	450	47		
山区	××典型灌区	2150	19	27	
	××典型灌区	1200	20		
	××典型灌区	1100	52		

注：表中执行水价需根据当地实际运行管理情况，1~2年调整一次。

（4）分类水价

分类水价应体现不同用水类型的水价差异，根据当地主要作物类型，分类水价主要区别水稻—小麦、水果和蔬菜等。由于水果、蔬菜与水稻相比耗水量少，故水果、蔬菜每立方米水所需水费高于水稻。分类水价计算，以某地为例，见表6-8。

表6-8 分类水价计算样表

类型	种植种类	水价/(元/m³)
自流灌溉	水稻—小麦(轮作)	0.031
	水果	0.268
水泵提水灌溉	水稻—小麦(轮作)	0.06
	蔬菜(考虑复种)	0.268
	水果	0.382

（5）分档水价

为保障水稻等粮食作物足额用水，经济作物合理用水，限制超额用水行为，灌区将逐步实行灌溉用水超定额累进加价收费制度，即分档水价。

根据当地社会经济发展水平和农民群众的接受能力，定额外灌溉用水价格按累进加价幅度，可以分为几个阶梯。例如：表6-9所示分为3个阶梯的方案，而且超额用水根据当地社会经济发展水平，可以适当收费，或不再另行收费，而是直接从精准补贴中扣除，同时综合考虑降低年度考核等级。

表6-9 灌溉用水阶梯水价样表

阶梯	收费制度	
	定额内	定额外
超额20%以内		超额量×分类水价×1.1
超额20%~30%(含20%)	成本水价	超额量×分类水价×1.2
超额30%以上(含30%)		超额量×分类水价×1.3

6.4.4 水费计收

（1）定额内水费计收

为了不增加农民负担，又要激励节水减排，因此建议定额内用水水费保持现状管理模式，也可以不收取灌溉水费，或定额内水费原有部分建议由村股份经济合作社和大户专业合作社共同承担，差额部分根据测算出的精准补贴数额，由当地财政资金负责落实进行差额补助，以维持灌区日常运行管护。

（2）定额外水费计收

为了强化水商品意识，增强节水减排主动性，建议超定额用水需按照制订的超定额累进加价收费制度进行收费。可以明确规定：超定额水费由农田水利灌溉主体承担，其中农用地土地流转部分由村股份经济合作社统筹向种植大户收取。此外，可以根据当地收取农田水利灌溉水费的实际情况，超定额用水费可以不直接另行收取，而是从精准补贴中予以扣除。

6.5　精准补贴机制规划

在完善水价形成机制的基础上，建立与节水成效、调价幅度、财力状况相匹配的农业用水精准补贴机制。补贴标准根据定额内用水成本与运行维护成本的差额确定，重点补贴种粮农民定额内用水。统筹财政安排的水管单位公益性人员基本支出和工程公益性部分维修养护经费、农业灌排工程运行管理费、农田水利工程设施维修养护补助、调水费用补助、高扬程抽水电费补贴、有关农业奖补资金等，落实精准补贴经费来源。

6.5.1　基本原则

①精准补贴机制应该建立在乡村农田水利灌溉水价机制已完善的基础上，与当地水资源情况、节水成效、财力水平和基层意愿等状况相匹配。

②补贴标准根据定额内用水成本和现状运行成本的差额而定，即现状水价和成本水价的差额。

③精准补贴主要用于定额内用水成本补贴，不多补，不少补，首先用于解决日常维护费不足的问题，体现补贴的"精准性"。

④精准补贴机制的可操作性要强，程序要简单，群众易于接受，适用于当地全行政区域范围的推广。

6.5.2　补贴对象

乡村农田水利灌溉水价的精准补贴对象，建议重点是定额内用水的种粮乡镇(村)股份经济合作社和粮食作物种植大户。为了保障粮食供应，提高种粮积极性，确保粮食生产安全，对经济作物原则上不予补贴。

6.5.3　补贴程序

精准补贴资金的发放，必须遵循相关制度的规定，按照"定额管理、总量控制"实施灌溉用水规划，符合节水减排要求，根据乡村农田水利灌溉水价考核机制实施，即先实施、经考核、后补贴。当地政府业务主管部门和灌区所在乡镇(街道)应做好全程监督和实施管理工作。

6.5.4　补贴标准

精准补贴金额根据定额内用水成本(测算成本水价)与运行维护成本的差额确定，表6-10是某地实施的精准补贴标准方案，可供参考。由于不同类型作物成本水价有差异，一般地，精准补贴标准应该是平原区高于山区。

6.5.5 资金流程

①资金方案：按照当地所建立的考核机制，当地业务主管部门和乡镇（街道）政府先对村级灌溉用水年度工作自评进行考核复核，根据考核结果，提出精准补贴实施方案。

②方案公示：精准补贴方案建议每年度都必须在各灌区、村、所在乡镇（街道）等范围内公示，时间不少于5d。

③资金拨付：精准补贴方案经公示无异议后，补贴资金应按照规定流程发放。建议由当地财政部门拨付给业务主管部门，由业务主管部门按照考核结果拨付给各乡镇（街道），再由乡镇（街道）发放给各灌区所在村股份经济合作社。对于粮食作物种植大户的补贴，建议统一由村股份经济合作社，根据土地流转租赁合同签订时的约定情况，统筹发放。

表 6-10　某地典型灌区精准补贴样表

分区	灌区名称	面积/亩	类别	成本水价/(元/亩)	精准补贴金额/(元/亩)	取值/(元/亩)	备注
平原区	××街道典型灌区	4794	现状	52	12	12	
			测算	64			
	××典型灌区	821	现状	31	25		
			测算	56			
	××典型灌区	450	现状	38	9		
			测算	47			
山区	××典型灌区	2150	现状	14	5	9	
			测算	19			
	××典型灌区	1200	现状	12	8		
			测算	20			
	××典型灌区	1100	现状	36	16		
			测算	52			

④绩效评价：资金管理和使用须遵守相关财务管理制度，专款专用，禁止挪用。对于每一年资金的使用情况，建议每年度都必须在村、各灌区等范围内公示，并做好绩效评价。

⑤监管运行：当地业务主管部门和财政部门做好精准补贴计划、考核、发放、使用等全过程监督实施工作。

⑥其他：当各灌区农田水利灌溉工程出现无法靠日常维修处理的情况，如管道长距离的改造翻建、泵站迁移拆建等，需单独列入相关主管部门的年度小型农田水利项目进行改造翻建或拆建工程，另行列入工程项目资金预算范围。

6.5.6 经费来源

精准补贴资金来源于当地政府年度财政预算，专款专用。

6.6 节水奖励机制规划

逐步建立易于操作、用户普遍接受的农田水利灌溉用水节水奖励机制。根据灌溉节水量对采取节水措施、调整种植结构节水的规模经营主体、农民用水合作组织和农户给予奖励，提高用户主动节水的意识和积极性。统筹财政安排的水管单位公益性人员基本支出和工程公益性部分维修养护经费、农业灌排工程运行管理费、农田水利工程设施维修养护补助、调水费用补助、高扬程抽水电费补贴、有关农业奖补资金等，落实节水奖励资金来源。

6.6.1 基本原则

乡村农田水利灌溉实施节水奖励机制，是提升水资源配置效率，提高水资源承载能力的有效途径，是利用价格杠杆促进绿色发展、将生态环境成本纳入经济运行成本的重要举措。通过节水奖励机制，可充分调动各灌区管理单位及用水主体的节水减排积极性，变"被动节水"为"主动节水"，才能使灌区农田水利灌溉工作长期发挥作用。

根据乡村农田水利灌溉相关政策精神，确定节水奖励机制的原则是：
①节水奖励只针对促进农田水利灌溉用水节约的村水管小组、种植大户或放水员。
②节水奖励办法要简单可行、便于操作、群众易接受。

6.6.2 奖励对象

本着实行"一把锄头放水方式"的原则，村水管小组、种植大户、放水员是节约用水的关键，建议将村水管小组、种植大户、放水员作为节水奖励的对象。

6.6.3 奖励程序

节水奖励实行"先考核、后奖励"的基本程序形式。灌溉期结束后，按照用水量水设施所反映出来的结果，根据"定额管理、总量控制"的标准，对该年度实际发生的灌溉用水量进行核算，作为村水管小组、种植大户、放水员等绩效考核的指标。通过考核后，需申报奖励资金的，建议同精准补贴资金一并申请，按照相同流程管理、发放和使用。

6.6.4 奖励标准

结合当地实际情况，考虑到可操作性和简便性，建议节水档次分级进行，例如：表6-11

所示就是某地实施的激励方案，分为三档；若后期财力允许，节水奖励标准可适当提高。

表6-11 某地实施的节水奖励标准

名称	阶梯	奖励标准	
		档次	按灌溉面积/（元/亩）
节约用水（与前一年用水量相比）	节水20%以内	一档	3
	节水20%~30%（含20%）	二档	5
	节水30%以上（含30%）	三档	7

对于没有建设用水计量设施的非典型灌区，建议参照与典型灌区类似的种植结构、灌溉方式和管理运行模式，按照同类标准给予节水奖励。

6.6.5 资金流程

参照6.5.5章节中"资金流程"操作。

6.7 绩效考核机制规划

为保证精准补贴和节水奖励资金的发放、使用落到实处，必须遵循一定的考核办法，以考核结果作为依据。为方便操作，可以将精准补贴与节水奖励考核相结合，统一进行考核。

6.7.1 考核流程

精准补贴及节水奖励考核办法实施流程，如图6-1所示。

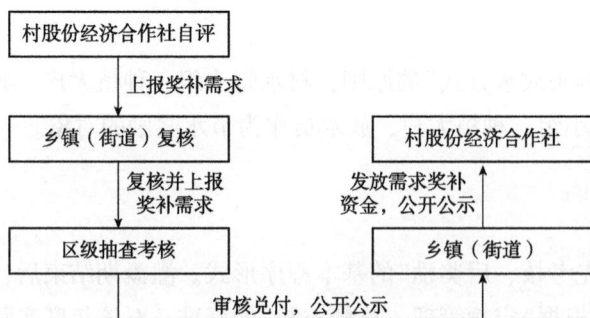

图6-1 实施流程图

①村股份经济合作社自评：由各灌区所在村股份经济合作社组织，考核对象为村水管小组，根据考核指标进行自行打分，建议参照"八个一"模式梳理村级台账，并将考核结果情况、年度精准补贴、节水奖励等需求上报给乡镇（街道）。

②乡镇（街道）复核：由各灌区所在的乡镇（街道）主管部门对各灌区进行复核打分，

无用水量水设施的灌区参照本乡镇(街道)典型灌区的量水用水考核管理情况执行。若现场实际情况与村水管小组上报的精准补贴、节水奖励需求不符的,则驳回。乡镇(街道)主管单位需梳理本乡镇(街道)用水综合规划实施台账,并将乡镇(街道)实施情况、精准补贴需求和节水奖励需求等材料,上报给上级行政主管部门。

③行政主管部门抽查考核:考核小组每年需组织发改、财政、农业农村等相关部门一起,对各乡镇(街道)实施情况进行考核抽查,若抽查到的乡镇(街道)灌区情况与实际上报情况不符的,则驳回申请资金,直至达标为止。抽查后,行政主管部门统一对乡镇申报材料进行审核,申报材料经批准后在各灌区所在村、乡镇(街道)进行公示,无异议后,由财政部门按规定兑付考核资金。

6.7.2 考核指标

考核指标包括管理组织考核、终端管理考核、资金管理考核、用水量考核、宣传考核等,采用百分制(表6-12、表6-13)。其中,每年根据用水计量设备的用水量统计数据,进行用水量考核。

表6-12 农田水利灌溉管理考核指标

序号	评价类别	评价指标	分值	评价标准
1	组织机构(10分)	组织建设	6	1. 乡镇(街道)成立改革工作小组或有专人负责的,得2分 2. 村集体落实终端用水管理组织和放水管理员的,得2分;没有的,不得分 3. 管理组织职责分工明确,制度健全,得2分
2		会议记录	4	乡镇(街道)召开农业水价综合改革相关工作安排、培训、考核等会议记录,得4分
3	工作评价(40分)	监督检查	5	1. 乡镇(街道)建立农业水价综合改革监督检查机制,得2分 2. 乡镇(街道)监督检查到位,得3分
4		实施项目	15	年度列入农田水利灌溉设施更新升级实施计划的,每项得3分,最多得15分,没有不得分
5		费用支出	10	1. 乡镇(街道)建立农业水价综合改革资金管理制度,资金管理合法合规、账目清晰、拨付及时,得2分 2. 乡镇(街道)农业水价综合改革奖励资金,经考核拨付给放水员的,得8分
6		信息报送	4	按要求及时报送有关图表资料、宣传图片与信息等,得4分
7		运行台账	6	按要求提交年度农业水价综合改革台账,得6分

（续）

序号	评价类别	评价指标	分值	评价标准
8	成效评价（50分）	维养成效	40	1. 建立农田水利设施维修养护制度，得5分 2. 经抽查农田灌区面貌，良好的得10分，一般的得5分；发现有废物垃圾的，得0分 3. 经抽查农田水利设施无锈迹、无灰尘、无杂物、完好率100%的，得20分；存在一项问题的，得0分 4. 计量设施完好的，得5分
9		用水考核	10	各乡镇(街道)典型灌区用水量与控制定额相比节水20%(包括20%)以上的，得10分；节水20%以内的，得5分；超过控制定额的，得0分
10	加分项（20分）	创新示范	20	1. 年度列入示范创建实施计划的，每项得3分，最多得5分，没有不得分 2. 宣传信息被区级及以上融媒体录用的，每次3分，最多得5分 3. 实施经验内参或专报被区级及以上领导批示的，每项得5分，最多得10分

表6-13　精准补贴等级表

等级	评分区段	奖惩办法
一级	90分以上(含90分)	奖励总资金需求×10%
二级	85~90分(含85分)	奖励总资金需求×5%
三级	80~85分(含80分)	只补助精准补贴需求
四级	70~80分(含70分)	减少总资金需求×5%
五级	60~70分(含60分)	减少总资金需求×10%
六级	60分以下	不予精准补贴

7 投资估算

7.1 编制依据及方法

7.1.1 编制依据

①有关水利水电工程设计概(预)算编制规定。

②有关水利水电建筑工程预算定额。

③有关水利水电安装工程预算定额。

④有关水利水电工程施工机械台班费定额。

⑤有关水利工程维修养护定额。

⑥其他有关定额、文件。

⑦近年来当地实施类似工程的实际投资有关指标。

⑧其他。

7.1.2 估算方法及标准

除规划编制费用外,工程投资估算可以采用综合单价法,结合近几年灌区类似水利工程建设项目投资概算情况确定。运行维护费用的估算,依据有关水利工程维修养护定额确定,节水奖励费用的估算按照实际节水量和测算出的农田水利灌溉水价标准确定。

7.2 典型灌区投资估算

典型灌区投资包括工程设施建设、用水量水(计量)设施配套、标识标牌制作安装、精准补贴、节水奖励等几个部分(投资估算见表 7-1)。具体情况如下:

①工程设施建设：典型灌区工程建设，主要为各典型灌区山塘水库、泵站、水闸、堰坝改造与渠道整修和清淤等费用。

②用水量水(计量)设施配套：各典型灌区用水量水设施，按照工程改造方案中用水量水设施配套相关要求，进行采购与安装产生的费用。

③标识标牌制作安装：各典型灌区标识标牌制作与安装，包括工程简介、管水小组名称、操作规程、管理责任、村级水价综合改革"八个一"落地、安全防护警示、节水减排宣传科普等标志标牌的设计、制作、安装等费用。

④精准补贴：分别根据平原区、山区等灌区面积和精准补贴标准，计算所需的费用。

⑤节水奖励：根据典型灌区节水率所在分级档次和相对应的奖励标准，计算节水奖励的费用。

⑥常态化投资：为持续深化农田水利灌溉发展规划实施，保持农田水利灌溉水价稳定运作，确保每年规划实施成效，需保障常态化的投资政策，主要为每年稳定的精准补贴和节水奖励费用。

表 7-1　典型灌区投资估算

序号	项目名称	单位	工程量	单价/元	合价/元
一	典型灌区工程建设部分				
(一)	××街道典型灌区				
1	渠道清淤	m^3			
(二)	××街道典型灌区				
1	渠道清淤	m^3			
2	整修渠道	m			
(三)	××镇典型灌区				
1	渠道清淤	m^3			
2	整修渠道	m			
(四)	××镇典型灌区				
1	渠道清淤	m^3			
2	整修渠道	m			
3	泵站、水闸、堰坝等工程				
3.1	××街道泵站、水闸、堰坝				
3.1.1	土方开挖	m^3			
3.1.2	土方回填	m^3			
3.1.3	塘渣回填	m^3			
3.1.4	C25 钢筋砼泵室底板	m^3			

（续）

序号	项目名称	单位	工程量	单价/元	合价/元
3.1.5	C25 钢筋砼泵室壁	m³			
3.1.6	C25 钢筋砼板、梁	m³			
3.1.7	C25 钢筋砼出水池	m³			
3.1.8	Φ60 有筋涵管	m			
3.1.9	C25 钢筋砼进水池	m³			
3.1.10	Φ12 松木桩，桩长 4.0m	根			
3.1.11	651 橡胶止水带	m			
3.1.12	C15 素砼垫层	m³			
3.1.13	钢筋制安	t			
3.1.14	泵房、闸门	m²			
3.1.15	标识标牌	项			
3.1.16	钢管栏杆	m			
3.1.17	细部结构	项			
3.1.18	原泵房、水闸、堰坝拆除	项			
3.1.19	水泵、水闸及机电设备更换	项			
3.2	××乡镇泵站、水闸、堰坝				
3.2.1	土方开挖	m³			
3.2.2	土方回填	m³			
3.2.3	塘渣回填	m³			
3.2.4	C25 钢筋砼泵室底板	m³			
3.2.5	C25 钢筋砼泵室壁	m³			
3.2.6	C25 钢筋砼板、梁	m³			
3.2.7	C25 钢筋砼出水池	m³			
3.2.8	Φ60 有筋涵管	m			
3.2.9	C25 钢筋砼进水池	m³			
3.2.10	Φ12 松木桩，桩长 4.0m	根			
3.2.11	651 橡胶止水带	m			
3.2.12	C15 素砼垫层	m³			
3.2.13	钢筋制安	t			
3.2.14	泵房、水闸、堰坝	m²			

（续）

序号	项目名称	单位	工程量	单价/元	合价/元
3.2.15	标识标牌	项			
3.2.16	钢管栏杆	m			
3.2.17	细部结构	项			
3.2.18	原泵房、闸门、堰坝拆除	项			
3.1.19	水泵、闸门及机电设备更换	项			
二	典型灌区用水量水设施				
（一）	××街道典型灌区	—			
1	**远程电表**	**套**			
1.1	通信电表	台			
1.2	通信模板	套			
1.3	设备保护箱定制	个			
1.4	安装配件	套			
1.5	通信(年费)	套			
1.6	现场设备调试	套			
1.7	定制设备标志牌	块			
（二）	××乡镇典型灌区				
1	**远程电表**	**套**			
1.1	通信电表	台			
1.2	通信模板	套			
1.3	设备保护箱定制	个			
1.4	安装配件	套			
1.5	通信(年费)	套			
1.6	现场设备调试	套			
1.7	定制设备标志牌	块			
2	**超声波水位计**				
2.1	智能感知终端(数据传输仪)	台			
2.2	超声波水位计	台			
2.3	太阳能电池板及支架	套			
2.4	太阳能智能充电控制器	套			
2.5	电源转换器	套			

（续）

序号	项目名称	单位	工程量	单价/元	合价/元
2.6	蓄电池	台			
2.7	巴歇尔槽及配套安装	项			
2.8	设备保护箱	个			
2.9	探头保护箱	个			
2.10	立杆（电杆）定制	根			
2.11	流量信号电缆	米			
2.12	电源电缆	米			
2.13	安装配件	套			
2.14	防雷器	套			
2.15	避雷针	套			
2.16	现场设备调试	套			
2.17	通信（暂包3年）	套			
2.18	设备围栏	套			
2.19	定制监测点标示牌	块			
（三）	流量系数标定	项			
（四）	终端采集管理软件	套			
三	标识标牌制作与安装				
1	工程简介牌	块			
2	宣传科普牌	块			
3	名称牌	块			
4	管理责任牌	块			
5	制度牌、"八个一"牌	块			
6	操作牌	块			
7	岗位职责牌	块			
8	警示牌	块			
四	精准补贴费用				
1	××镇典型灌区	亩			
2	××街道典型灌区	亩			
五	节水奖励费用				
1	××镇典型灌区	亩			

(续)

序号	项目名称	单位	工程量	单价/元	合价/元
2	××街道典型灌区	亩			
六	其他费用				
合计					

7.3　项目总投资估算

　　行政区域内农田水利灌溉发展规划的总投资，除规划编制费用外，一般是该行政区域内有效农田水利灌溉面积范围内，某年的投资总和包括各典型灌区和非典型灌区两大部分，其中非典型灌区的实施内容，需要与典型灌区的内容保持基本一致。因此，行政区域内规划实施的总投资除规划编制费用外，还有工程建设、用水量水设施配套、标识标牌安装、精准补贴、节水奖励等部分（表10-2）。具体情况如下：

　　①工程设施建设：行政区域内典型灌区和非典型灌区等所有灌区在全面实施农田水利灌溉节水减排过程中，工程设施改造建设资金由当地小型农田水利建设、政府五年农田水利规划实施建设、当地农田水利"双百万"工程和灌区标准化创建等几个方面的工程建设投资综合起来，就是规划期内所需要的农田水利灌溉发展规划的工程总投资。

　　②用水量水设备配套：根据典型灌区安装用水量水设施的原则，即：平原区每个乡镇（街道）一般选取1个或2个典型灌区安装用水量水设施，山区每个乡镇（街道）一般选取1个典型灌区安装用水量水设施，由此得到当地全区域用水量水设施配套一共需投入的资金。其中非典型灌区的用水量考核，建议参照就近区域中与典型灌区情况类似的用水量指标。

　　③标识标牌制作与安装：根据典型灌区标牌安装计划，将每个乡镇（街道）典型灌区需安装各种标识标牌制作与安装的投资相加，就是该项投资。非典型灌区可视情况决定是否实施该项内容。

　　④精准补贴：根据精准补贴标准，计算得到典型灌区和非典型灌区每年共需投入的精准补贴费用。

　　⑤节水奖励：投资估算计算时，可暂定全区域典型灌区和非典型灌区均给予节水奖励，而且都按照节水奖励一档的标准进行节水奖励估算，从而得出一年共需投入的节水奖励资金（实际支出节水奖励费用，则根据绩效考核结果而定）。

　　⑥独立费：主要包括需投入农田水利灌溉发展规划培训、宣传推广和科普教育等方面的费用；根据实施绩效情况对农田水利灌溉综合规划方案进一步调整完善的费用；委托第三方对规划实施情况进行绩效评价的费用；信息化管理平台建设与维护管理费等。

　　⑦基本预备费：一般取总费用的3%~5%进行预估。

　　⑧常态化投资：为了保持农田水利灌溉发展规划方案实施的稳定运作，需保障常态化投资费用，主要是精准补贴和节水奖励费用等。

除规划编制费用外，年度总投资估算见表7-2。

表7-2　年度总投资估算

序号	项目名称	单位	工程量	单价/元	合价/万元	备注
一	**工程建设部分**					
1	**××街道典型灌区**					
1.1	渠道清淤	m³				
1.2	整修渠道	m				
1.3	泵站、水闸、堰坝工程	座				
2	**××乡镇典型灌区**					
2.1	渠道清淤	m³				
2.2	整修渠道	m				
2.3	泵站、水闸、堰坝工程	座				
二	**用水量水设施配套**					
1	**××街道典型灌区**					
1.1	远程电表	套				
1.2	超声波水位计	套				
2	**××乡镇典型灌区**					
2.1	远程电表	套				
2.2	超声波水位计	套				
3	**流量系数标定**	项				
4	**终端采集管理软件**	套				
三	**标识标牌制作与安装**					
1	**平原区**	处				
2	**山区**	处				
四	**精准补贴费用**					
1	**××年**					
1.1	平原区	亩				
1.2	山区	亩				
五	**节水奖励费用**					
1	**××年**					
1.1	平原区	亩				
1.2	山区	亩				

（续）

序号	项目名称	单位	工程量	单价/元	合价/万元	备注
六	独立费					
1	宣传推广、节水培训与科普教育费用	年				
2	方案修改完善费用	年				
3	绩效评价服务费用	年				
4	信息化平台建设与运维费用	年				
七	基本预备费用		一般取总费用的3%~5%			
	合计					

农田水利灌溉发展规划实施，分年度投资估算计划如表7-3所示。

表7-3　分年度投资估算计划表

序号	项目分类	投资估算计划/万元		
		××年	××年	××年
一	工程设施建设			
二	用水量水设备配套			
三	标识标牌制作与安装			
四	精准补贴			
五	节水奖励			
六	独立费			
1	宣传推广与教育培训			
2	方案编制与调整完善			
3	绩效评价服务			
4	信息化管理建设平台与运维			
七	基本预备费			
八	小计			
	总计			

7.4　资金筹措

　　根据相关政策要求，结合灌溉发展实际，坚持两手发力，提出充分发挥中央及地方财政投入引导作用，政府财政资金是农田水利灌溉发展规划设计、建设、实施与日常运营管理等经费的主要来源。同时，积极争取金融支持、广泛吸引社会投入，以及探索通过水权交易、新增灌区耕地指标筹集资金等拓宽灌溉发展投融资渠道的任务与支持政策等。

7.5 规划实施

根据当地主管部门有关农田水利灌溉发展规划编制及实施意见的要求，综合考虑有效灌溉模式分区情况、各乡镇(街道)有效灌溉面积和粮食功能区面积等因素，建议参照表7-4，下达农田水利灌溉发展规划年度实施的工作计划。

表7-4 农田水利灌溉发展规划年度实施工作计划表

××年实施乡镇(街道)			××年实施乡镇(街道)			××年实施乡镇(街道)		
乡镇(街道)	有效灌溉面积/亩	投资估算/元	乡镇(街道)	有效灌溉面积/亩	投资估算/元	乡镇(街道)	有效灌溉面积/亩	投资估算/元
××街道			××街道			××街道		
××街道			××街道			××街道		
××乡镇			××乡镇			××乡镇		
××乡镇			××乡镇			××乡镇		
……			……			……		
合计			合计			合计		

根据当地农业产业布局和灌区分布特点，灌溉用水规划实施的重点宜放在粮食功能区，建议按照"统筹谋划、突出重点、分步实施"的原则，全面推进实施农田水利灌溉发展规划工作。

规划实施过程中，应优先考虑典型灌区用水量水设施的建设，为后续各灌区开展节水减排、"总量控制、定额管理"等工作提供基础保障。机制实施过程中，应优先开展典型灌区的定额管理、成本水价测定、补贴奖励、运行维护等"四个机制"建设，然后再按照灌溉用水规划开展一系列规范化建设，直至建立科学的、符合当地实际的、完善的灌溉用水规划实施管理体系。试点区、示范区的农田水利灌溉发展规划实施过程中，要及时总结经验，评估成效，尤其是要着力打通农田水利灌溉节水减排、"总量控制、定额管理"的"最后一公里"，全力推进村级"八个一"落地生根，有步骤、按计划、全方位在全行政区域全面推广。

农田水利灌溉发展规划实施计划方案，建议参考表7-5。

表7-5 农田水利灌溉发展规划实施进度计划表

任务分类	序号	任务内容	任务要求	时间节点
组织领导	1	政府成立领导小组	建立以政府分管领导任组长，政府办公室、水利行政主管部门任副组长，发改、财政、农业等相关职能部门及有关乡镇(街道)参与的农田水利灌溉发展规划工作领导小组。领导小组下设办公室，设在水利行政主管部门，办公室主任由水利行政主管部门主要领导兼任	

（续）

任务分类	序号	任务内容	任务要求	时间节点
编制规划	2	编制"实施规划"	结合有关政策要求，编制《××县(市)农田水利灌溉发展规划》	
工程改造	3	试点区域农田水利灌溉设施建设改造	开展试点灌区的灌溉设施建设与改造	
	4	用水量水设施安装	按照用水量水设施配套要求，完成规划设计、施工建设、安装	
终端管理+信息化管理平台	5	落实运行维护主体	建立村级水管小组，落实用水监管责任	
	6	推进产权制度改革	推进山塘水库、泵站、水闸、堰坝、渠系等产权制度改革	
	7	总量控制、定额管理	制订不同区域不同作物灌溉的用水定额，确定农田水利灌溉水权	
	8	末级渠系水价形成	制订农田水利灌溉水价；由发改部门制订《农田水利灌溉水价成本监审与价格核定管理办法》	
	9	标识标牌建设	完成标识标牌规划设计、制作、施工安装	
	10	信息化管理平台建设	根据农田水利灌溉综合规划，建立信息化管理平台	
机制建设	11	建立精准补贴机制	根据典型灌区水价成本，落实精准补贴资金，制订农田水利灌溉精准补贴办法	
	12	建立节水奖励机制	以用水定额为基准，对定额内用水进行奖励，制订农田水利灌溉节水奖励办法	
	13	建立用水考核机制	建立政府、乡镇(街道)、村等三级考核机制，制订农田水利灌溉绩效考评办法，针对灌溉用水规划实施绩效、工程维养等情况开展考核	
宣传培训	14	宣传推广	进行农田水利灌溉规划宣传培训，对各乡镇(街道)、村水利员进行业务培训讲座，发放工作手册，利用各类融媒体加强宣传	
	15	技术培训	制订并实施灌溉规划业务培训计划，推广农业节水灌溉技术，按计划展开技术培训	
考核自评	16	考核总结年度自评	开展灌溉用水规划实施绩效考核，形成年度自评报告	

8 规划效益

8.1 经济效益

8.1.1 节水效益

通过实施农田水利灌溉规划、开展灌溉工程建设与改造、用水量水设施的布局与建设、田间节水灌溉技术和灌溉制度的推广普及，以及终端管理机制和合理农田水利灌溉水价的实施，在工程规划、建设、管理以及用水水价的经济杠杆调节措施下，运用信息化手段，开展灌溉用水监测、统计、反馈和预警，督促放水员勤放勤关，实现从"大水漫灌"向"精准灌溉"转变，乡村农田水利灌溉用水量将会明显减少。经某地规划实施测算，2019年度节约用水总量约4319.3万 m³。可见，通过规划实施，各灌区的农田水有效利用系数得以提高，管理水平得到提升，对节水减排、发展节水型农业、建设节水型社会等方面具有重大意义。

8.1.2 节能效益

实施农田水利灌溉发展规划，紧盯总量控制、节水奖励环节，以村级为主要单元，推进面广量大的末级渠系和小型灌区的节水工作。农业用水指标分解到行政村或各类用水主体，并进一步分解落实到实行计量的机埠泵站、小水库、小山塘和堰坝水闸。经某地规划实施中测算，2019年度灌溉节约用电量约109.5万 kW·h，节约电费约51.5万元。可见，通过规划实施，明确了水权分配、灌溉用水定额、用水总量控制和超定额累进加价等一系列措施后，将有力推动节水农作物种植、使用"水肥药一体化"技术和喷滴灌等节水灌溉设施，从而大幅度节约灌溉"打水"电费，节能效益明显。

8.1.3 增产效益

开展实施农田水利灌溉发展规划，执行用水"定额管理、总量控制"，节省灌溉用水用电费用，也就是相对减少用水主体的用水成本支出，减轻用水基层的经济负担。先进的节水减排技术和管理可以使水稻、蔬菜和水果等农作物增加产量、提升品质。经某地规划实施中测算，2019 年度规划区域水稻亩均增产 3%，而且节水减排促进农产品质量提升。可见，实施规划后，不但实现农业增产、农民增收、农村增强，还对推进粮食功能区和现代农业园区的建设，保障粮食安全，具有重大意义。

8.2 环境效益

8.2.1 减少农业面源污染

推进乡村农业综合规划实施，因节水减排可以大量降低铵态氮、总氮、化学需氧量（COD）的排放量，减少因农田水利灌溉而引发水土流失产生的水系污染。根据杭州、嘉兴、湖州地区对某地农业有效灌溉面积用水节水减排的试验成果，两年内化学需氧量（COD）、总磷（TP）、总氮（TN）等的总量分别减少排放量为 207.4t、9.3kg、5.4t，极大地消减了农业面源污染。而且，推进实施农田水利灌溉规划后，在减轻了环境压力的同时，也节约了环境整治、污水处理等各方面的成本，对贯彻落实"节水优先"战略，深入推进"抓节水、治污水、保供水、防洪水、排涝水"等"五水共治"工作，促进当地的生态环境走向良性循环，具有不可替代的作用。

8.2.2 改善农村水环境状况

推进农田水利灌溉规划后，通过对各灌区实施设施设备有机更新、灌区环境综合治理、田间采取节水减排措施，提高了灌溉水的利用率，大大减少了灌溉用水量，相应地减少了因水土流失夹带残留化肥农药等对水系的污染以及对水体的淤积。同时，也相应地扩大了河流、水库等的水域面积，提高了各灌区水生植被覆盖率，增加了水生态环境容量，有利于水资源的可持续开发利用。因此，实施农田水利灌溉规划，节约的农田水利灌溉用水大部分将转化为生态用水，有效改善了农村河湖水系的生态环境，一定程度上维护了水生态平衡，促进了美丽乡村建设，是实施城乡生态系统修复的重要举措之一。

8.2.3 助力美丽乡村建设

农田水利灌溉规划始终践行"绿水青山就是金山银山""生态修复，城市修补"理念，普及节水意识，规范灌溉用水秩序，助力乡风文明；促进农田水利灌溉节水减排，巩固"五水共治"成效，助力生态宜居；减少农业面源污染，促进高效生态农业发展，助力产业兴旺；健全用水管理组织，落实工程管护制度，助力有效治理；降低灌溉成本，增加农民收入，建设高效美丽田野与家庭农场，助力生活富裕。以高标准农田、高品位水利设施、高质量生态水系等生态文化廊道串联精品亮点，引导农业水利工程设施与人文、自然生态相融合，以特有的高品位的景观，彰显农业水利灌溉"节水减排"的美丽乡村发展内涵，实现农业产业精明增长和高质量发展，助力全域美丽、高品质乡村建设，助推乡村振兴。

8.3 社会效益

通过实施农田水利灌溉规划，在农业生产各灌区内建立终端用水水价制度，建立水量、水价、水费、补贴、奖励等管理机制，开展"实施有补、节水有奖"行动，树立了水商品、水资源有价理念，减少了农民负担，增加了农民的收入，达到了节水减排效果，提高了农田水利灌溉现代化程度，对农业现代化的发展、农村社会化体系的建设、农村劳动生产率的提高、农民素质和农民自治能力的提升等各方面，都有着十分重要的推动作用。

农田水利灌溉发展规划的实施，将把"水生态"作为乡村发展的主引擎，协调好农田水系资源利用、绿色生态廊道建设、乡村水利工程文化传承与遗存保护展示、乡村旅游融合提升等的有机关系，以特有的高品位的景观彰显农田水利的美丽乡村发展内涵，引导乡村农田水利灌溉工程设施与人文、自然生态相融合，推动乡村农业生产、生活、生态三大布局；统筹乡村生态、文化、产业三大动力，引导农业产业从一产升级为一二三产融合，助推了乡村农文旅田园综合体的建设，打通了乡村"两山""两修"的转换通道，发展乡村农业新经济、培育新动能，实现了农田水利灌溉发展规划的价值与乡村生态价值、经济价值、社会价值共赢；引领"三农"发展方式变革，构建形成产业生态化和生态产业化"三农"愿景。建立乡村基层管水组织，实施精准补贴、节水奖励机制，夯实乡村振兴资源本底，统筹政府、社会、农民三大主体，引领乡村农田水利设施治理方式、治理体系和治理能力现代化。

9 规划保障措施

9.1 加强领导，明确职责

为加强农田水利灌溉规划工作的统筹协调，保障规划任务有序实施，建议成立农田水利灌溉发展规划工作领导小组，由当地政府分管领导任组长，领导小组办公室建议设在水利行政主管部门。水利、发改、财政、农业农村等相关部门负责人和乡镇(街道)领导为成员，建立相互沟通、密切协作、高效有序的工作机制，保证工作取得成效。各成员单位主要职责如下：

水利行政主管部门负责组织编制与实施规划、建设、管理目标；制订年度实施计划；参与指导农田水利灌溉工程建设和管理，指导高效节水灌溉工程等建设；负责开展农田水利灌溉水有效利用系数测算；参与指导推广农业节水减排技术，调整和优化种植结构；开展宣传培训，加强舆论宣传引导；总结经验，修订完善制度，示范推广；牵头组织实施绩效考核评价等。

发改部门负责指导价格机制形成，制订农田水利灌溉水价成本监审和价格核定管理办法；指导开展价格调整；监督检查价格执行；负责新增千亿斤粮食生产能力规划田间工程建设和粮食安全相关工作；配合部门推进规划实施；协同开展绩效考核评价等。

财政部门负责保障规划、建设、管理运维资金需求，建立资金分配与实施成效挂钩的激励机制和建立精准补贴和节水奖励机制；监督资金发放与使用；参与指导农业综合开发农田水利灌溉工程建设，协同开展绩效考核评价等。

农业农村部门负责开展农田水利灌溉工程建设和管理，指导高效节水灌溉工程等建设，加强高标准农田、高效节水、机埠等田间工程建设和提升，并完善用水计量条件；负责推广农业节水技术，调整和优化种植结构，指导高效节水灌溉工程建设，创建国家农业可持续发展试验示范区，推广农业节水技术与措施，促进农业节水减排；加强清产核资，基本完成山塘、泵站等单体性小型农田水利工程及设施产权制度改革任务；研究提出处理规划实施中有关重大问题的原则和措施；协同开展绩效考核评价等。

生态环保部门负责制订控制高耗水、高污染农田水利灌溉用水和减少农业面源污染物排放的管理措施。

各乡镇(街道)村负责规划方案的推进实施、宣传培训及信息反馈等工作。

领导小组办公室负责主持推进实施规划建设管理的日常工作，制订工作实施计划，主动向各成员单位征求意见；拟定会议议题、确定会议时间及形式，召集有关会议，提出需研究解决的问题和事项，做好会议记录。重大事项要及时向政府领导小组报告。

领导小组应加强对规划、建设、管理实施等工作的统一领导，协调解决实施中的重大事宜；负责任务落实、资金筹措、组织协调和检查考核等工作。

9.2 落实资金，确保实施

农田水利灌溉发展规划是全面落实节水减排、推进生态修复的举措，是带动农田水利深化改革的龙头。推进规划、建设、管理实施的资金，要以不增加农民既有负担为原则，以各级政府的财政投入为主，同时吸纳有关社会资本作为补充。要优化财政涉农资金和农田水利建设资金的支出结构，整合有关农田水利建设和维修养护资金，多渠道筹措农田水利灌溉规划实施经费，落实农田水利灌溉精准补贴和节水奖励等财政资金来源。强化资金管理和监督，明确使用范围和程序，定期公开公示，接受群众监督。加强项目资金管理，严格按照有关程序和规定审批使用，落实农田水利灌溉规划实施工程建设、精准补贴、节水奖励等经费保障，确保规划顺利实施。

9.3 加强宣传，推广技术

农田水利灌溉发展规划工作领导小组各成员单位要做好相关政策的解读，加强业务培训，做好舆论宣传，利用好广播、电视台、报刊、科普栏、网站、微信、钉钉、学习强国等融媒体，积极开展农田水利灌溉规划工作的宣传，在全社会广泛宣传农田水利灌溉发展规划的重要意义，积极引导农田水利灌溉主体增强"节水减排"的意识，踊跃参与实施行动，形成大众关心、了解、支持、参与推进实施农田水利灌溉发展规划建设管理的良好氛围。

当地水利、农业农村等部门加强协同合作，充分发挥水利与农业在乡村农田水利灌溉节水减排上的协同效应。结合农田水利灌溉发展规划相关工作，组织农业龙头企业、种植大户、村级水管小组等进行科学灌溉技术培训、灌溉用水指导和相关业务宣传培训。此外，可以结合中央财政小型农田水利、高标准农田建设等项目建设，积极推广使用喷灌、低压管道输水灌溉等高效节水技术。在相关项目建设的同时，配套必要的用水量水设施，为全面实施农田水利灌溉发展规划打下坚实基础。

9.4 强化考核，确保成效

为推进农田水利灌溉发展规划任务落地实施，实现规划目标，需要根据农田水利灌溉发展规划方案提出的各项任务和实施计划，明确各级政府、各部门、各相关实施主体等的责任，建立实施组织、终端管理、机制建设、考核机制，加强监督考核。通过实行乡村农田水利灌溉"总量控制、定额管理"、信息化管理、考核机制等举措，促进乡村农田水利灌溉节水主体的意识提高，实现农田水利灌溉工程建设、维修、养护良性循环，确保农田水利灌溉发展规划取得显著成效。定期分析、研判规划实施成效的相关数据、信息，对节水减排突出的单位和个人给予表彰、奖励，对出现用水特别异常情况进行及时提醒。年度考核结果列入各级政府最严格水资源管理、乡村振兴责任制、美丽乡村建设、粮食安全责任制、"五水共治"等考核的重要依据之一。

参考文献

丛书编写组．深入实施乡村振兴战略[M]．北京：中国计划出版社，2020．

刁艳芳．河道生态治理工程[M]．郑州：黄河水利出版社，2019．

丁春梅，张喆瑜．农村水务员必读[M]．北京：中国水利水电出版社，2019．

樊惠芳．农田水利学[M]．郑州：黄河水利出版社，2003．

李绪孟，王迪轩．现代高效农业种养技术[M]．北京：化学工业出版社，2022．

任文伟，谢峰．城市化与水资源保护[M]．上海：上海大学出版社，2012．

王庆河．农田灌溉与排水[M]．北京：中国水利水电出版社，2006．

余金凤，张永伟．水泵与水泵站[M]．郑州：黄河水利出版社，2009．

赵启光．水利工程施工与管理[M]．郑州：黄河水利出版社，2011．

附　录

附录 1　灌溉用水管理制度（样稿）

第一条　灌溉用水管理主要是依据"总量控制、定额管理"，适时灌溉、安全输水，平衡供求关系，合理利用水资源，做到科学放水，充分发挥灌溉效益。

第二条　灌溉用水管理实行管水员责任制，实行"一把锄头放水"，统一协调，杜绝"一户一灌、一田一灌"。

第三条　灌区农田水利灌溉用水主体向管水员提出灌溉用水需求后，管水员前往田间实地查看核实，查看时注意周边田块用水需求情况，协调周边农户一起灌溉用水。

第四条　泵站（水闸）开机前，管水员应按照泵站（水闸）操作规程，检查设备整体情况，按规操作，并记录开机信息。

第五条　每轮灌水期，管水员应及时把控田间水层，按照科学的灌溉用水标准控制灌水，达到要求后及时关闭阀（闸）门。

第六条　灌水结束后，按照泵站（水闸）操作规程，检查水泵（水闸）情况，记录关机信息。

第七条　离开泵站管理房前，打扫泵站卫生，保持泵站干净整洁。离开时，关好泵站门，并检查泵站周边情况，如发现问题应及时处理。

第八条　每年灌溉期结束后上交泵站（水闸）灌溉用水记录本，做好泵站（水闸）卫生，协助维养人员保养水泵、电机、控制设备等。

附录2　小型农田水利灌溉工程运行管护资料提纲

_____镇(街道)_____村小型农田水利灌溉工程运行管护资料

一、年度工作总结

1. 基本概况：包含全村耕地面积及水田旱地面积、各类农田水利设施数量等内容(见附表)。

2. 组织体系及考核办法：组织体系建立情况，与村级放水员签订管护合同、业务培训指导、发放劳务报酬及对其考核措施。

3. 管护成效：统计年度长效运行管护工作，如灌溉泵站启动时长、灌溉水量，完成渠道清理长度、维修更换机电设备情况等内容(表1)，总结工作实效。

4. 财务管理情况：资金来源及各项支出情况。

5. 今后工作重点和措施。

二、组织管理

1. 机构设置：成立村水管小组(包括组长、组员名单及相应职务等详细资料)。

2. 机构管理：与管护人员签订《_____村小型农田水利灌溉工程运行管护》合同。

三、管护资料

1. 会议记录：记录好_____村小型农田水利灌溉工程运行管护小组会议相关内容。

2. 管护记录

(1)农田水利灌溉工程运行管护内容申报表。

(2)农田水利灌溉工程运行管护工作记录表，包括农田水利灌溉工程长效运行管护工作记录等，例如：泵站维护(每次检查、清扫、保养、修理、维护等工作内容)、田间工程维护(记录好每次渠道清淤、修复等日常工作)等内容。

3. 管护实效

(1)可附上几张水利工程管护前后对比的照片，使得管护效果更有说服力。

(2)安全生产：出示"无重大安全事故证明"。

四、资金管理

资金来源和支出(包括劳资支出)：自筹配套资金和年度结余资金，并做好相应的资金统计表格(财务报表)(表4~表6)。

在年度考核时，需准备齐全以下资料备查：

1. 机构职能：_____村小型农田水利灌溉工程运行管护小组的日常工作章程、管理办法等。

2. 补助资金、自筹资金等资金筹集，以及用于小型农田水利灌溉工程运行管护支付的各类资金凭证。

表1 维修养护情况记录表

时间	维修养护内容	是否修护	备注	签名

表2 灌溉记录表

灌溉日期	开机(闸)时间	关机(闸)时间	备注	签名

表3 用水量水设施检查记录表

日期	设施是否正常运行	数据是否存在异常	有无人为破坏	备注	签名

表4 _____镇(街道)_____村小型农田水利灌溉工程维护资金收入明细表

年度：

序号	日期	凭证号	资金来源	收入金额/元
合计				

表5 _____镇(街道)_____村小型农田水利灌溉工程维修养护资金支出明细表

日期：

序号	日期	支出内容	支出金额/元	支出明细/元					备注
				山塘	堰坝	机埠	田间工程	其他	
合计									

表6 _____镇(街道)_____村小型农田水利灌溉工程运行管理资金支出明细表

日期：

序号	姓名	款项内容	金额/元	领款人姓名	备注
合计					

附录3　农田水利灌溉成本水价定价及成本监审办法（样稿）

第一条　为建立健全农田水利灌溉水价形成机制，规范农田水利灌溉水价定价成本监审行为，提高农田水利灌溉水价管理的科学性、合理性，根据价格成本监审办法、水利工程供水价格管理办法、水利工程供水定价成本监审办法等有关规定，制订本办法。

第二条　本办法适用于末级渠系及小型灌区实施定价成本监审的行为。

第三条　本办法所称农田水利灌溉用水水价定价成本监审，是指发改部门在调查、测算、审核管护主体运行管护成本基础上，核定农田水利灌溉水价定价成本的行为。

农田水利灌溉用水水价定价成本，是指在一定范围内，管护主体社会平均合理费用支出，是发改部门制订农田水利灌溉用水价格的基本依据。

第四条　乡村农田水利灌溉用水水价定价成本监审具体事宜，由发改部门成本调查机构组织实施，水利部门配合开展农田水利灌溉用水水价定价成本监审工作。

第五条　农田水利灌溉用水水价成本监审应当遵循公正、公开、科学、规范、效率的原则。

第六条　成本监审包括制订价格前监审和定期监审两种形式。定期监审的间隔周期为1~2年。

第七条　各乡镇（街道）、村股份经济合作社应完整准确记录农田水利灌溉用水的运行管护成本和各级补助资金情况。

第八条　农田水利灌溉用水水价定价成本，由日常维修养护成本、供水动力成本、人工成本等构成。

第九条　日常维修养护成本，指对末级渠系工程进行日常维修养护和维修，维持、恢复或局部改善原有工程面貌，保持工程的设计功能，但不包括工程新建、改建、大修或由超标准洪水和重大险情等所造成的工程修复及工程抢险等费用。

第十条　供水动力成本，指泵站设备等在作业过程中，直接消耗的电力、油料等费用。

第十一条　人工成本，指直接参与末级渠系工程运行管理人员的支出。

第十二条　日常维修养护成本的核定。根据当地省级水利工程维修养护定额等要求，按实际发生的费用核定。

第十三条　动力成本的核定。结合机电设备功率、运行时间、能效，按实际发生的费用核定。

第十四条　人工成本的核定。按照当地农村劳动力价格和运行管理工作量核定。

第十五条　农田水利灌溉用水水价按照农田水利灌溉水价成本除以终端用水量计算。

第十六条　终端用水量指农田水利灌溉实际用水量，应考虑渠系水利用系数计取供水损耗，但最高不得超过定额水量。

第十七条　渠系水利用系数按照历年当地农田水利灌溉水有效利用系数报告确定。

第十八条　各乡镇(街道)、村应当按照成本监审的要求，提供相关成本资料，并对所提供资料的真实性、合法性、完整性负责。

第十九条　发改部门根据实际运行管理情况，可以1~2年调整一次农田水利灌溉用水价格。

第二十条　本办法由当地发改部门负责解释。

第二十一条　本办法自发布之日起实行。

附录 4　农田水利灌溉用水精准补贴及节水奖励办法(样稿)

第一条　为大力推广节约用水,保障农民种粮积极性,促进农田水利设施良性运行。根据农田水利灌溉综合规划方案的实施要求,结合当地实际,制订本办法。

第二条　本办法适用于当地行政区域范围内,已实施农田水利灌溉综合规划的区域。

第三条　农田水利灌溉水价精准补贴资金,主要用于农田工程运行维护,保障末级渠系良性运行。

第四条　节水奖励资金,主要用于村水管小组节水奖励,以进一步提高节水意识,引导群众主动节水。

第五条　农业供水实行总量控制、定额管理。用水定额参照《农业用水定额》(DB33/T 769—2016)和当地取(用)水定额,根据当地区域农业种植结构,通过种植面积加权平均得到田间毛灌溉定额,综合考虑从定额控制点到田间的输水损失,确定灌区灌溉定额。

第六条　开展小型农田水利项目等建设时,量水设施配套做到"三同时",即同时设计、施工和投入使用。高效农田节水灌溉项目率先推进量水设施配套工作。

第七条　农田水利灌溉节水奖励和精准补贴(以下简称"奖补")的对象为实施农田水利灌溉综合规划灌区所在村股份经济合作社。农田水利灌溉精准补贴标准:平原区为××元/亩,山区为××元/亩。

第八条　农田水利灌溉"奖补"程序为:

1. 村水管小组申请。列明年度作物面积、节水情况、年度维修养护实际情况、现有资金情况等事项,上报所在乡镇(街道)。

2. 乡镇(街道)复核。由乡镇(街道)对村集体、村股份经济合作社进行考核,考核结果分为××个等级,根据不同等级发放不同金额精准补贴(具体考核指标及等级见表7)。考核结束后,将结果上报当地水利主管部门。

3. 当地水利主管部门抽查考核。水利主管部门抽取部分村集体进行抽查复核,根据乡镇(街道)复核结果,结合日常督查的检查情况,实地抽查评价情况,对不符合实际情况的乡镇(街道),直接驳回其精准补贴和节水奖励。

4. 水利主管部门批准。对符合"奖补"标准的乡镇,由当地财政管理部门确定年度"奖补"计划。

5. 当地财政管理部门兑付。财政管理部门拨付"奖补"资金至各乡镇(街道),由乡镇(街道)将精准补贴资金分配至各村集体、村股份经济合作社。

6. "奖补"资金发放要遵循公开透明原则,补贴名单、奖惩名单和金额在乡镇(街道)、灌区显著位置公示,全程接受群众监督。

7. 抛荒、未正常灌溉等非节水因素减少的用水量不列入考核范围,操作过程中禁止弄虚作假,如有发现,所在乡镇(街道)农田水利灌溉综合规划实施年度绩效评价等级降低一级。

第十二条　"奖补"资金主要由财政管理部门予以保障。

第十三条　村股份经济合作社最终获得资金=精准补贴+节水奖励(-超定额用水水费)。

第十四条　本办法由当地财政、水利主管部门负责解释。

第十五条　本办法自印发之日起实行。

表7　精准补贴考核指标(1)

编号	类别	分值	评分标准
一	管理组织考核	10	1. 建立村级水管小组,并附有组长、组员的基本情况介绍等,得5分 2. 建立村水管小组、放水员管理制度等,得5分
二	终端管理考核	35	1. 农田水利灌溉工程及设施产权清晰等,得5分 2. 维修养护及用水量水设施管护主体及责任落实等,得10分 3. 农田水利设施和用水量水设施维修养护工作台账完整等,得10分 4. 用水管理相关台账(灌溉记录、巡查记录等)完整等,得10分
三	资金管理考核	35	1. 上级精准补贴及乡镇、村级自筹资金建立专款账户,并记录相关资金来源等,得15分 2. 建立资金支出明细台账(人员工资支出明细、维修养护支出明细和灌溉电费支出明细等)得20分
四	用水量考核	10	节约用水20%以上(包含20%)得10分,节约用水20%以内按比例得分。超额用水精准补贴直接下调一个等级
五	宣传考核	10	宣传工作得力,各级反映良好,农民节水意识增强等,得10分

表8　精准补贴考核指标(2)

等级	评分区段	奖惩办法
一级	90分以上(含90分)	奖励总资金需求×10%
二级	85~90分(含85分)	奖励总资金需求×5%
三级	80~85分(含80分)	只补助精准补贴需求
四级	70~80分(含70分)	减少总资金需求×5%
五级	60~70分(含60分)	减少总资金需求×10%
六级	60分以下	不予精准补贴

表9　节水奖励标准表

名称	阶梯	奖励标准	
		档次	按灌溉面积/(元/亩)
节约用水(与前一年用水量相比)	节水20%以内	一档	××
	节水20%~30%(含20%)	二档	××
	节水30%以上(含30%)	三档	××

表 10　灌溉用水阶梯水价表

阶梯	收费制度	
	定额内	定额外
超额 20% 以内		超额量×分类水价×1.1
超额 20%~30%(含 20%)	成本水价	超额量×分类水价×1.2
超额 30% 以上(含 30%)		超额量×分类水价×1.3

注：为保障水稻等粮食作物足额用水，经济作物合理用水，限制超额用水行为，灌区将逐步实行灌溉用水超定额累进加价收费制度，即分档水价。定额外灌溉用水价格按累进加价幅度分为×个阶梯。考虑各乡镇(街道)实际情况，超额用水可以不再另行收费，直接从精准补贴中扣除。

附录5　农田水利灌溉规划实施工作绩效评价办法(样稿)

根据农田水利灌溉发展规划实施方案及有关工作绩效考评等文件要求,为切实推行当地农田水利灌溉发展规划工作,充分发挥考核工作的导向激励作用,确保灌溉水利工程良性运行,实行终端用水自治管理,特制订本办法。

一、考核对象

开展农田水利灌溉发展规划工作的乡镇(街道)。

二、考核评价内容与指标

根据当地农田水利灌溉发展规划推进实施工作的实际情况,确定用水规划实施工作的考核指标内容,主要包括组织机构、工作评价和成效评价三大项,具体考核指标见表11。

三、考核方法

考核工作采取资料审查与现场抽查相结合的方式。

四、考核程序

1. 上交资料。每年×月×日前,各村集体上交年度运行管理资料到乡镇(街道),乡镇(街道)考核汇总,形成年度农田水利灌溉发展规划实施台账,并附相关佐证材料。×月底前,将材料审查稿上报政府农田水利灌溉综合规划领导小组办公室(简称"用水办",设在水利主管部门)。

2. 资料审核。用水办结合日常督查情况,对各乡镇(街道)资料进行审核。

3. 现场考核。用水办随机抽取村集体,每个乡镇(街道)抽取1~2个,组织实地考察,核实。

4. 综合评定。用水办对资料审核和现场复核结果进行评议,按照评价指标打分,并确定考核等级。

5. 结果公布。考核结果于当年×月底前报当地政府或由用水办发文公布。

五、考核等级确定

考核办法采用标准分制,满分100分。考核结果分为4档:其中90分以上(包括90分)为优秀,优秀率应控制在30%以内;75~90分(包括75分)为良好;60~75分(包括60分)为合格;60分以下为不合格。

六、考核结果应用

本评价结果作为农田水利灌溉发展规划实施工作的绩效评价依据,将列入政府对乡镇(街道)"五水共治"考核、最严格水资源管理考核、粮食安全责任制考核等综合类考核的绩效因素之一。

表 11　农田水利灌溉规划乡镇(街道)工作考核指标表(样表)

序号	评价类别	评价指标	分值	评价标准
1	组织机构 (15分)	组织建设	15	1. 乡镇(街道)成立工作小组或有专人负责等,得5分 2. 所辖村集体落实终端用水管理组织的比例达到100%,得5分;低于50%,得0分;50%~100%按比例得分 3. 管理组织职责分工明确,制度健全等,得5分
2	工作评价 (40分)	会议记录	5	乡镇(街道)召开农田水利灌溉综合规划建设实施相关工作安排、培训、考核等会议记录等,得5分
3		监督检查	10	1. 乡镇(街道)建立农田水利灌溉综合规划监督检查机制等,得5分。 2. 乡镇(街道)监督检查到位等,得5分
4		费用支出	10	1. 乡镇(街道)建立农田水利灌溉综合规划资金管理制度等,得5分 2. 乡镇(街道)农田水利灌溉综合规划资金管理合法合规、账目清晰、拨付及时等,得5分
5		信息报送	5	及时向领导小组办公室报送工作进展情况等,得5分
6		运行台账	10	按要求提交年度规划实施台账等,得10分
7	成效评价 (45分)	维养成效	35	1. 建立农田水利设施维修养护制度等,得5分 2. 农田水利灌溉工程设施面貌较好等,得5分 3. 农田水利设施完好率达到100%,得20分;50%以下,不得分;50%~100%按比例得分 4. 量水设施完好,得5分
8		用水考核	10	各乡镇(街道)典型灌区亩均用水量与控制定额相比,节水20%(包括20%)以上,得10分;节水20%以内,得5分;超过控制定额的,不得分

附录6 小型农田水利设施管护办法(样稿)

第一章 总则

第一条 为加强和规范小型农田水利基础设施养护和管理、解决长期以来小型农田水利设施管理薄弱的现状，确保农田水利设施正常运行，持续发挥工程效益。根据农田水利灌溉综合规划方案、小型农田水利建设管理实施细则和小型农田水利建设资金项目绩效评价实施细则等相关要求，结合当地实际，特制订本办法。

第二条 本办法适用于农田水利灌溉综合规划区域范围内小型农田水利设施(包括堰坝、末级灌排渠道及渠系建筑物、泵站、高效节水等)的维护管理。

第二章 管护组织与职责

第三条 水利主管部门是本级人民政府的小型农田水利设施行业主管部门，负责指导乡镇和村对本行政区域内的小农水设施运行、养护；负责小型农田水利设施运行维护办法、修订、完善。组织小型农田水利设施运行维护工作的监督检查；督促、指导村成立村水管小组。

第四条 财政主管部门负责筹措、审核、拨付农田水利灌溉精准补贴资金用于小型农田水利设施运行维护；组织精准补贴资金使用监督检查。

第五条 各乡镇人民政府负责其辖区小型农田水利设施运行维护的日常检查指导工作，落实配套运行维护经费；督促各村建立村水管小组。

第六条 各村集体、村经济合作社是小型农田水利设施所有者，是工程运行管护的实施主体，应组织建立村水管小组，督促村水管小组开展小型农田水利灌溉工程管护宣传，具体负责运行维护的实施工作。村水管小组应加强小型农田水利设施的运行维护工作，筹措经费，建立工程管护档案。工程管护档案包括：管护人员基本情况，工程设施布局和现状情况，管护内容等。

第七条 所有小型农田水利设施都要落实管护人员，与管护人员签订管护协议，明确管护内容、管护标准，明确责、权、利。

第八条 各乡镇、村要围绕有管护协议和考核制度、管护制度和信息档案、落实管护经费、落实管护组织和责任人、落实安全运行制度、落实考核监督机制，积极推行创新管护模式。

第三章 管护人员选聘与管理

第九条 管护人员须具备的条件：政治素质好，热心公益事业，热爱管护工作，作风正派，责任心强，办事公道，遵纪守法，身体健康，有较好的群众基础。应熟悉管护区域各类工程设施的结构，操作规程，正常维护与特殊情况下的抢修方案，坚守工作岗位，尽职尽责，认真做好运行与管护记录，保证负责管护的工程设施、设备处于良好状态。

第十条 灌区所在村集体、村股份经济合作社与其签订管护协议，明确工作职责、报酬等内容。凡不能履行管护协议，不能完成管护任务，村集体、村股份经济合作社有权终止聘任协议。

第十一条　各级管护组织要大力支持管护人员的工作，尽力提供良好的工作条件。加强对各类管护人员的技术培训，不断提高管护人员的管理技能。

第十二条　各村集体、村股份经济合作社要根据管护人员管理考核办法，给予管护人员合理报酬。

第四章　管护资金的筹集、管理与使用

第十三条　工程管护所需资金本着"谁受益、谁负责"和"以工程养工程"的原则，采取村集体自筹、群众集资或工程经营收益等多种形式筹集。不足部分由上级财政根据精准补贴标准进行补助。

第十四条　各村股份经济合作社要建立工程管护资金专账，切实加强对工程管护资金的使用、管理，不得挤占或挪用，做到专款专用。

第十五条　水利、财政等主管部门对各乡镇、行政村管护资金的管理和使用情况，列入年度绩效评价考核。

第五章　奖励与惩罚

第十六条　政府对在工程管护工作中的先进单位和做出突出贡献的个人给予奖励，同时对举报、揭发破坏工程设施、设备的人员也给予奖励。

第十七条　因管护人员个人行为，造成管护区内的工程设施严重损毁的，除解聘外，还要追究责任人的责任，并给予经济处罚。

第十八条　对有意损坏工程或不听劝阻寻衅闹事，殴打管护人员的，要视其情节轻重，给予教育、批评、经济制裁。直至追究刑事责任。

第六章　附则

第十九条　本办法由水利行政主管部门负责解释。

第二十条　本办法自印发之日起实行。

附录7 泵站平面布置图(参考)

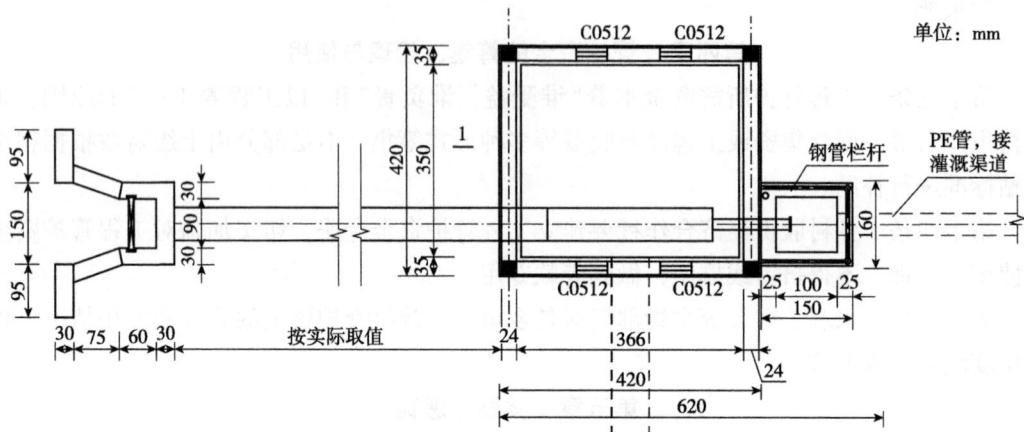

附录8 泵站剖面图(参考)

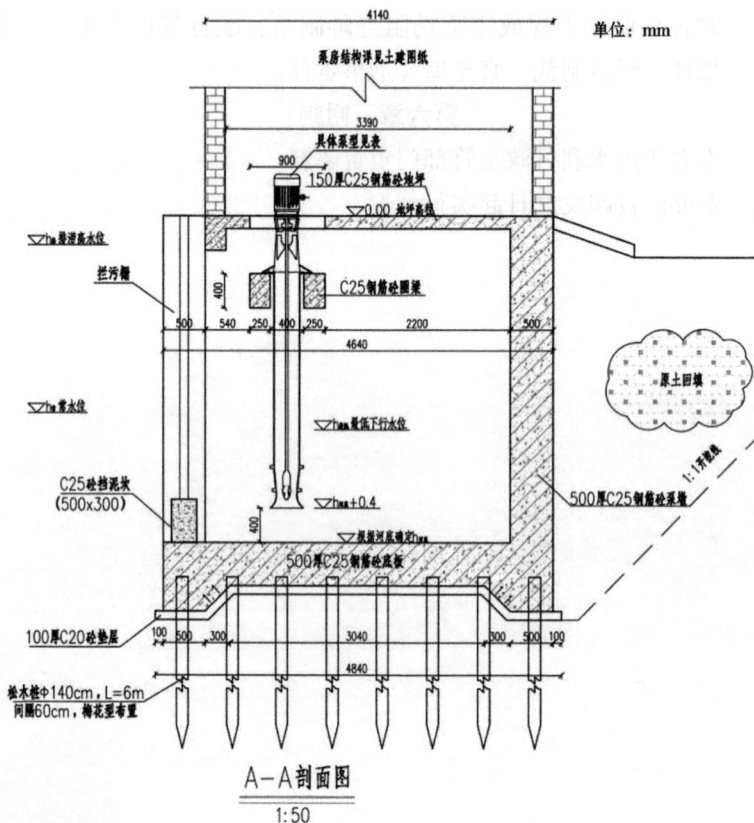

A—A剖面图
1:50

附录9　超声波流量计结构图（参考）

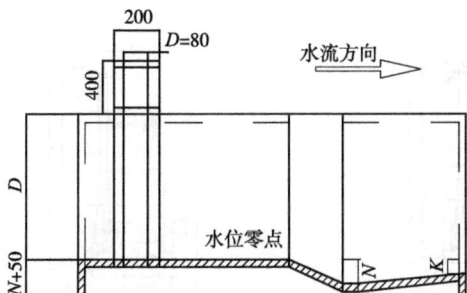

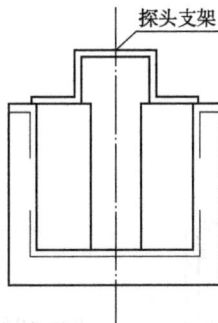

单位：mm	
b	152
L0	407
L1	610
L	305
L2	640
D	610
N	114
K	74
B1	400
B2	394
J	现场确认

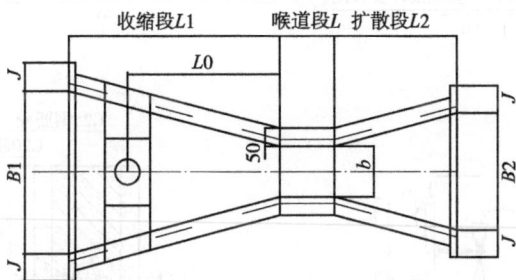

说明：
图示巴嘍尔槽用玻璃钢制作；
内尺寸要准确；
内表面要光滑、平整；
垫厚要大于8mm；
上部探头支架如跨度太大，设法增加强度；
J的尺寸与渠道上的安装位置有关，根据现场情况确定；
支架处建议采用时差式超声波流量计统计流量。

附录10　电磁流量计结构图（参考）

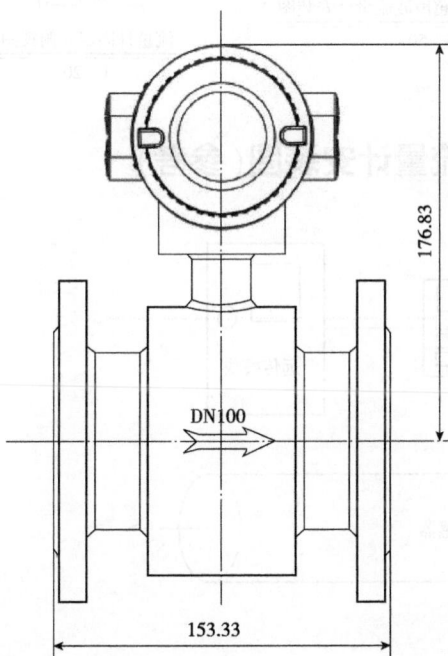

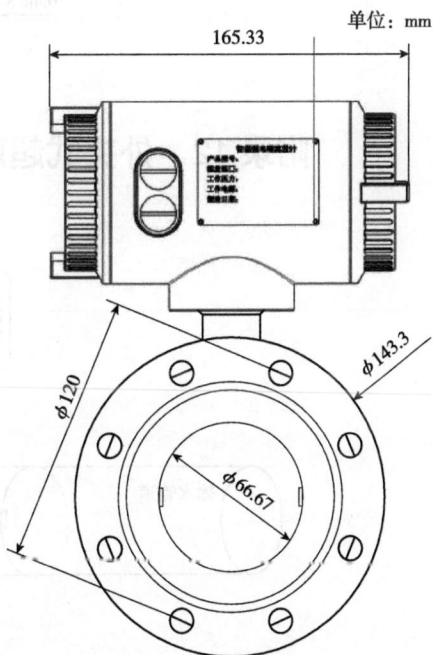

127

附录 11　明渠超声波流量计安装图（参考）

单位：mm

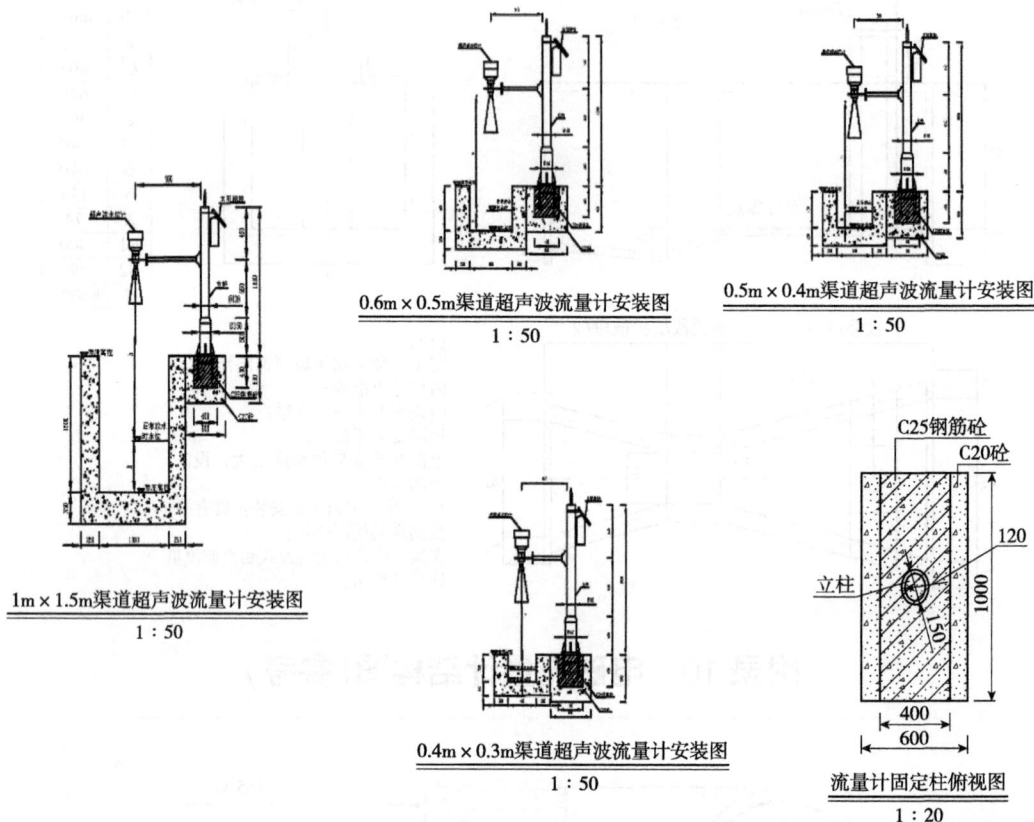

0.6m×0.5m渠道超声波流量计安装图
1 : 50

0.5m×0.4m渠道超声波流量计安装图
1 : 50

1m×1.5m渠道超声波流量计安装图
1 : 50

0.4m×0.3m渠道超声波流量计安装图
1 : 50

流量计固定柱俯视图
1 : 20

附录 12　外夹式超声波流量计安装图（参考）

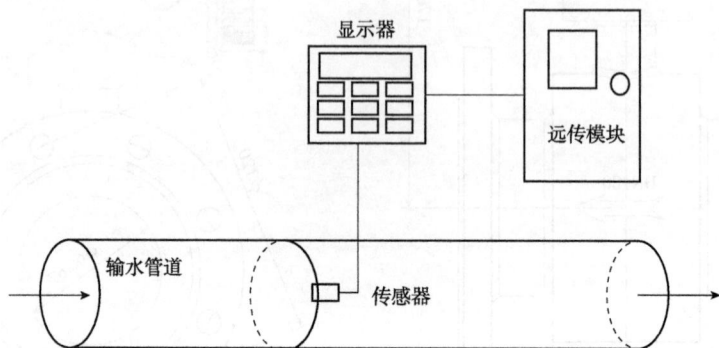

附录 13　远程电表安装图（参考）

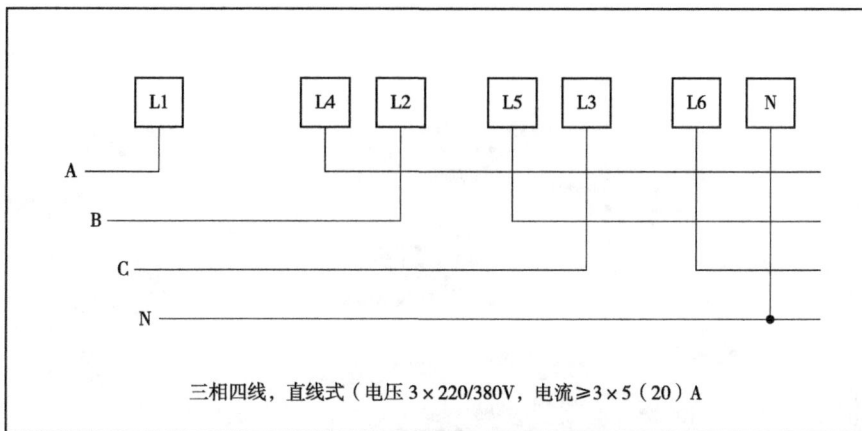

三相四线，直线式（电压 3×220/380V，电流≥3×5（20）A）

附录 14　流量计设施安装规划布局示意图（参考）

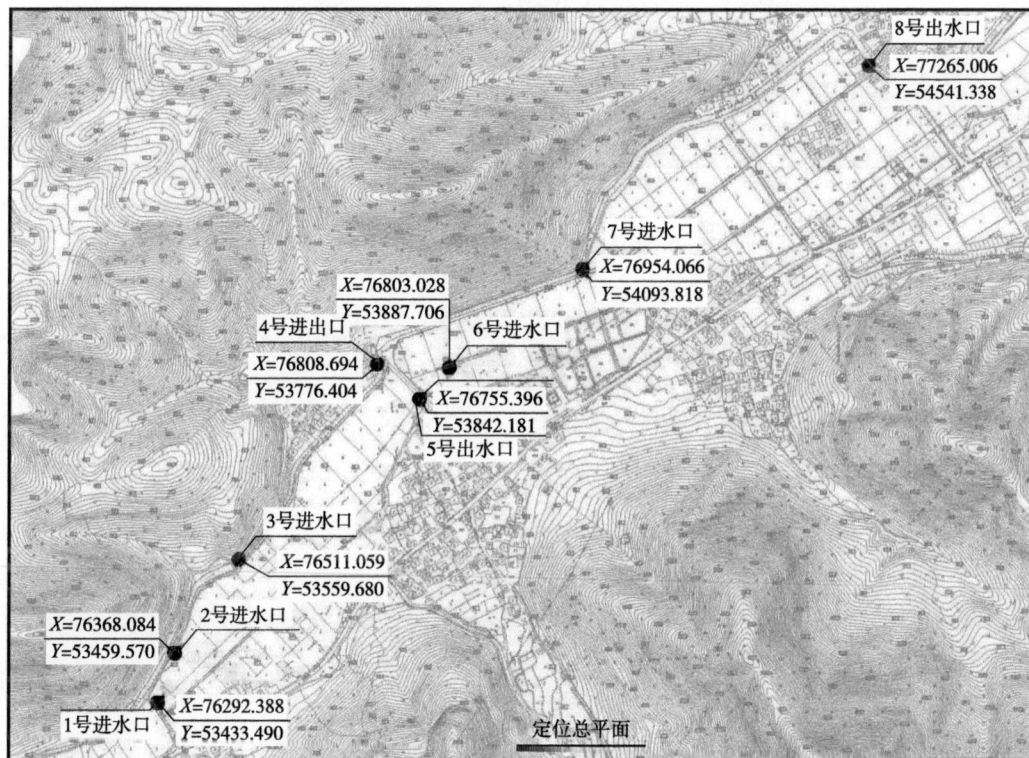

定位总平面

附录15 远程智能电表安装规划布局示意图(参考)

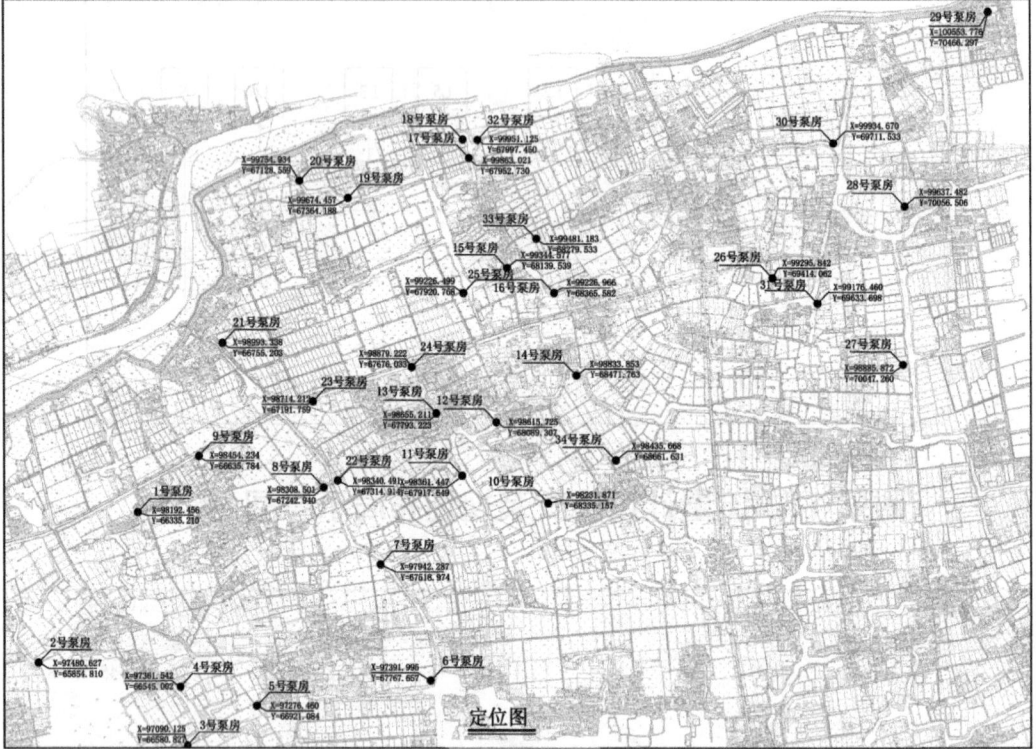

定位图

附录 16　农田水利灌溉泵站示范创建指标（参考）

类别	序号	创建指标	分值	评分标准
组织建设 （40分）	1	典型引领	12	1. 泵站灌溉面积 100 亩及以上，得 4 分；达不到的，扣 1 分 2. 泵房面积不低于 5m²，得 4 分；达不到的，扣 1 分 3. 选取村边、路边、河边、山边以及景区周边与美丽乡村建设相结合的泵站开展创建得 4 分；否则扣 1 分
	2	设施完好	11	1. 泵站水泵、电机选型等满足灌溉需求（必备条件） 2. 机电设备（水泵、电机）、各类阀门、仪表、控制开关等运行正常（必备条件） 3. 泵站拦污栅、进出渠系等完好，输水通畅，得 5 分 4. 工程简介（工程名称、内容、灌溉面积等）、管理责任（姓名、电话等）、计量设施标识、灌溉管理制度、设备操作规程、维修养护制度等的标牌齐全、完好，每项 1 分，共 6 分；无管理责任、计量设施标识标牌的，取消创建资格
	3	计量科学	17	1. 计量设施可实现在线远传计量的，得 6 分；可直接计量，数据储存在现场设备，但不能远传的，得 5 分；采用"以电折水"等间接计量的，得 4 分；利用渠系建筑物、量水堰槽和水尺等人工读数的，得 3 分；未配套安装的，取消创建资格 2. 计量设施标识牌内容完整（水泵型号、电机型号、计量方式（"以电折水"的需明确系数）、用水总量控制指标、作物定额和农业水价，每项 1 分，共 6 分 3. 运用农业水利灌溉管理系统、计量平台等信息化手段开展用水监测、统计的，得 5 分；采用人工核算用水量的，得 3 分
安全美丽 （40分）	4	防护安全	12	1. 泵站管理范围明确，周边合理设置围栏等管护设施或醒目的警示标语，得 4 分 2. 泵站内、外部电力线路排布规范整齐，得 3 分；防火防淹设施设备到位，得 1 分 3. 进、出水池封闭或设置必要的安全防护设施，得 4 分；无进、出水池的，合理缺项
	5	运行高效	5	采用自动化、远程控制等先进技术和设备的，得 5 分；采用按钮开关控制机泵的，得 3 分

（续）

类别	序号	创建指标	分值	评分标准
安全美丽 （40分）	6	外观靓丽	10	1. 泵房外观美观大方，与当地建筑风格、美丽乡村建设相协调，得5分 2. 泵房整体面貌以及周边环境良好，得5分
	7	内部整洁	13	1. 泵房内部面貌良好，无垃圾、杂物堆积，干净整洁，得5分 2. 机电设备等保养得当，无明显尘垢、油垢和锈迹，铭牌完整、清晰，得5分 3. 管理责任、计量设施标识、灌溉管理制度、设备操作规程、维修养护制度等上墙，规整、清晰的，得3分
管护到位 （20分）	8	责任落实	5	1. 落实管护责任或与大户等签订管护协议书。没有签订协议书的，取消创建资格 2. 泵站颁发所有权证，明确产权主体，得3分 3. 实行物业化管理，委托其他组织或个人等专业化管理，实现"管养分离"，得2分
	9	资金到位	5	管护经费落实，满足运行维护需求，得5分
	10	资料齐全	10	施工合同(协议)、开工令(通知)、工程信息表、施工前后现场照片等验收资料齐全，得10分

附录 17　农田水利灌溉堰坝水闸示范创建指标（参考）

类别	序号	创建指标	分值	评分标准
组织建设 （40分）	1	典型引领	10	1. 引水灌溉面积50亩及以上，得5分；达不到的，扣1分 2. 选取村边、路边以及景区周边与美丽乡村建设相结合的具有灌溉功能的堰坝水闸开展创建得5分；否则扣1分
	2	配套齐全	14	1. 进水闸、引水渠系等配套设施齐全、运行正常，满足下游灌溉需求 2. 闸门净宽2m以上的进水闸配套设备用房的，得3分，否则扣3分；净宽2m以下的合理缺项 3. 工程简介(工程名称、更新升级内容、灌溉面积)、管理责任(姓名、电话等)、计量设施标识、安全警示等标牌齐全，每项2分，共8分；无管理责任、计量设施标识标牌的，取消创建资格 4. 有设备用房的，需上墙灌溉管理制度、设备操作规程、维修养护制度等标牌，每项1分，共3分；无设备用房的，合理缺项
	3	计量科学	16	1. 计量设施可实现在线远传计量的，得8分；可直接计量，数据储存在现场设备，但不能远传的，得6分；利用渠系建筑物、量水堰槽和水尺等人工读数的，得4分；未配套安装的，取消创建资格 2. 计量设施标识牌内容完整(计量方式、用水总量控制指标、作物定额和农业水价)，每项1分，共4分 3. 运用农业灌溉管理系统、计量平台等信息化手段开展用水监测、统计的，得4分；采用人工核算用水量的，得2分
安全美丽 （40分）	4	使用安全	15	1. 水闸、引水渠周边设置必要的安全防护设施或警示标牌，得7分 2. 水闸启闭设备安全可靠、使用便捷，得8分
	5	形象良好	15	1. 启闭设备保养得当，无明显油垢和锈迹，得5分 2. 引水渠输水通畅，无明显破损、渗漏等现象，得5分 3. 管护范围环境良好，得5分
	6	特色明显	10	1. 堰坝引灌设施和灌溉水闸结合各地建筑文化，形象良好、富有特色，得5分 2. 引水闸采用自动化、一体化等先进技术和设备的，得5分；采用电动螺杆启闭的，得4分；采用手动螺杆启闭的，得3分

（续）

类别	序号	创建指标	分值	评分标准
管护到位 （20分）	7	责任落实	5	1. 落实管护责任或与大户等签订管护协议书。没有签订协议的，取消创建资格 2. 堰坝引灌设施颁发所有权证，明确产权主体，得3分 3. 实行物业化管理，委托其他组织或个人等专业化管理，实现"管养分离"，得2分
	8	资金到位	5	管护经费落实，满足运行维护需求，得5分
	9	资料齐全	10	施工合同（协议）、开工令（通知）、工程信息表、施工前后照片等验收资料齐全，得10分

附录 18　农田水利灌溉灌区示范创建指标(参考)

类别	序号	创建指标	分值	评分标准
组织领导 (20分)	1	典型引领	10	按照"有大必大、先大后小"原则,依次选择大型、重点中型、一般中型和小型灌区开展创建,无大、中型灌区的,可以乡镇(村)或家庭农场、农业园区等为单元的小型灌区开展创建,得10分
	2	责任落实	10	1. 灌区有管理主体,管理责任落实的,得4分 2. 积极开展或参与改革宣传、培训、推广工作,得3分 3. 建立改革工作和节水考核等机制,得3分
用水管理 (30分)	3	计量科学	20	1. 灌区渠首、骨干工程与田间工程分界点实现全计量,其中,当地大型和重点中型灌区骨干工程计量齐全、简易计量设施完成更新,一般中型灌区开展计量设施建设,小型灌区实行渠首计量,得15分 2. 运用信息化手段,开展用水监测、统计,得5分
	4	指标细化	10	1. 实行总量控制、定额管理,其中大、中型灌区取得取水许可证的,得5分 2. 确定灌区农业用水指标分解层级,做好与乡镇(村)用水管理指标衔接的,得5分
工程管护 (30分)	5	运行良好	10	1. 工程管理标识标牌齐全醒目、内容规范,重要工程设施禁止事项、安全警示标志设置到位,得5分 2. 灌排渠系良性运行率为90%以上,灌区渠首及渠系建筑物良性运行率为95%以上,得5分
	6	产权明晰	5	1. 灌区按照标准化管理要求,明确工程管理范围和保护范围,得2分 2. 灌区骨干工程产权明晰,落实工程产权归属,得3分
	7	管护到位	8	1. 协调做好灌区专管和群管工程的管护,指导帮助乡镇(村)加强灌区"最后一公里"管护,其中当地在建大、中型灌区落实改革要求,得3分 2. 制订物业化、专业化管护等"管养分离"方案,并组织实施,各得1分,共2分 3. 工程巡查、维修养护、安全生产制度健全,并按要求开展巡查和维修养护,得3分

（续）

类别	序号	创建指标	分值	评分标准
工程管护 （30分）	8	智慧管理	7	1. 灌区建立信息系统开展工情、水情、雨情等管理，得2分 2. 灌区重要节点工程采用信息化、自动化等先进技术和设备，得5分
农业水价和 奖补机制 （20分）	9	成本监审	8	1. 灌区完成农业水价成本测算，其中一般中型单独开展测算。完成水价成本监审核定，合理调整农业水价，得6分 2. 核定成本基本达到灌区运行维护成本水平，得2分
	10	经费保障	12	1. 灌区骨干工程维养经费足额到位，得6分，未到位按比例扣分 2. 建立农业用水超定额收费制度，并实际收取水费。通过乡镇（村）转移支付，得2分；向农户收取，得6分

附录 19　农田水利灌溉农民用水管理主体示范创建指标(参考)

类别	序号	创建指标	分值	评分标准
组织建设 (25分)	1	基础条件	10	1. 管理主体有名有实,其中在工商、民政、农业农村等部门登记或备案的,或在有关农业专业合作组织经营范围内增加农民用水管理功能的,得7分;村级用水管理小组的,得2分 2. 有固定的办公场所并挂牌,得3分
	2	组织宣传	15	1. 组织机构、章程健全,成员职责分工明确,组织化程度高,得5分 2. 积极参加学习培训、考察交流、争先创优、工作考核等活动,表现或效果较好的,得5分 3. 开展农业水价综合改革、农业节水等科普宣传活动,得5分
运行管理 (65分)	3	管理制度	15	1. 放水员和维修养护人员管理、资金使用管理等制度齐全,得5分 2. 灌溉放水、田间工程维修养护等运行维护制度和办法齐全,得5分 3. 村级农业水价综合改革"八个一"等制度上墙或成册,得5分
	4	日常维养	20	1. 开展经常性的维修养护活动,管理主体正常运转并发挥效用,得10分 2. 加强放水员用水管理,促进节约用水,得10分
	5	资金使用	10	1. 奖补等资金使用合规,精准补贴主要用于维修养护,得5分 2. 节水奖励资金与节水量直接挂钩,按考核结果兑现节水奖励资金,得5分
	6	台账票据	10	1."八个一"村级改革台账及时如实填报,得3分 2. 灌溉放水、维修养护等台账健全,得4分 3. 管护活动等及时记录,奖补资金使用凭证票据等保管完整,得3分
	7	用水计量	10	1. 灌溉泵站机埠、小水库山塘、堰坝水闸等的农业用水指标明确,得5分 2. 计量数据完整,做好统计分析,得5分
评价考核 (10分)	8	评价考核	10	1. 按照管理办法,对放水员、维养员等开展日常监督考核,得5分 2. 用水户和群众较满意的,得5分

附录20　农田水利灌溉示范村创建指标（参考）

类别	序号	创建指标	分值	评分标准
组织建设 （20分）	1	组织领导	10	1. 村级落实改革负责人，组织成立农民用水管理主体或开展物业化、承包户委托管护，得5分 2. 组织开展"八个一"村级改革，有计划、有行动、成效明显，得5分
	2	宣传推广	10	1. 村级设置节水宣传展厅或展示牌、展示栏等，营造改革氛围良好，得5分 2. 村级通过广播、宣传册等形式开展农业水价综合改革、农业节水等宣传，得5分
基础设施 （40分）	3	设施完好	20	1. 村级农田水利基础设施完好，满足灌溉需求，得5分 2. 泵站机埠、堰坝水闸等安全实用、运行正常，得5分 3. 灌排渠系、输水管道、放水口等田间设施运行正常，得5分 4. 计量设施布局合理、完好准确，标识标牌设置合理醒目，得5分
	4	更新升级	20	1. 泵站机埠、堰坝水闸等工程美丽整洁，与周边环境协调和谐，得10分 2. 工程内部整洁条理，各类制度、工程展示牌等齐全，得5分 3. 工程设备控制、计量数据等采用信息化管理，得5分
工程管理 （30分）	5	产权责任	10	1. 村级农田水利资产已登记入账，或已颁发所有权证，明确产权主体，得3分 2. 落实村级农田水利工程管护责任，与大户等签订管护协议书，得4分 3. 单体性小农水工程推进区域化集中管护，明确物业化、专业化管护责任，得3分
	6	资金管理	10	1. 有上级奖补，村级、各类新型农业经营主体投资等多方资金，满足村级维养要求，得5分 2. 村级各类资金使用合理合规，得5分
	7	资料齐全	10	1. "八个一"村级改革台账、计量数据等完整齐全，得5分 2. 各类资料、计量数据等全部纳入信息化管理系统，得5分
评价考核 （10分）	8	评价考核	10	对村级农民用水管理主体开展检查考核，得10分

附录 21　术语和定义

1. 耕地灌溉面积：指灌溉工程或设备已基本配套，有一定水源，土地比较平整，在一般年景可以进行正常灌溉的耕地，也称农田水利灌溉面积。

2. 灌溉面积：指耕地、林地、果园、牧草等灌溉面积之和。

3. 耕地实灌面积：指利用灌溉工程和设施，在耕地灌溉面积中当年实际进行正常（灌水一次及以上）灌溉的耕地面积。在同一亩耕地上，无论灌水几次，均按一亩计算。凡是肩挑、人抬、马拉抗旱点种的面积，一律不计入实灌面积。

4. 农田水利灌溉工程更新升级：通过对农田水利灌溉工程进行硬件设施改造、内外环境美化、管理制度完善等，消除安全隐患，提升灌溉功能与形象面貌。

5. 田间灌溉泵站：指灌溉设计流量 $0.5m^3/s$ 及以下的灌溉（含灌排两用）泵站、闸站。

6. 堰坝引灌设施：指用于农田水利灌溉的堰坝取水口、进水闸、引水渠等设施。

7. 灌溉水闸：指灌溉设计流量 $0.1m^3/s$ 及以上的水闸，包括河道、渠道上的进水闸、分水闸、节制闸等。

8. 标准断面量水：选择顺直渠段上某一断面，率定该断面流量与水位的关系，利用该关系，根据水位读数计算出渠道流量的方法。

9. 渠系建筑物量水：利用涵闸、渡槽、倒虹吸等渠道建筑物，率定特定断面流量与水位的关系，利用该关系，根据水位读数计算出渠道流量的方法。

10. 堰槽量水：利用设于渠道或明槽中内收缩段的堰，使之发生临界流以流量测流量的量水方法。

11. 仪表量水：利用管道上的流量或水量仪表确定流量的方法。

12. 以电折水：利用灌溉泵站的出水流量过程及出水量与运行时间、用电量存在的相关关系，通过"计电"换算泵站出水量的一种方法。

13. 自记水位计：通过传感器和电子仪器对水位进行自动监测、记录和存储的设备。

14. "五个一"示范创建：指每年创建优秀典型的具有灌溉功能的泵站机埠、堰坝水闸、灌区、农民用水管理主体和示范村。其中，堰坝水闸指堰坝和水闸，主体范围从取水口至田间主干渠段，具体包括堰坝、取水口、引水闸、引水渠等，也可为单独的灌溉水闸、小水库山塘的放水闸以及大、中型灌区骨干渠系以外的灌溉水闸。

15. 农业水价综合改革村级"八个一"：在推进农田水利灌溉发展规划、建设和管理中，结合"四项机制"的建设，提炼总结一套系统推进的方法路径。包括：①一个用水组织：以行政村为单位，建立村级灌溉用水管理小组，落实放水员、维修养护人员，明确管理职责，承担村级农田水利灌溉日常管护职责。②一本产权证书：以村集体资产的清产核资工作为基础，对村级山塘、泵站、闸站、堰坝、渠系等水利灌溉工程进行确权颁证，或赋码建立数字产权，明确产权主体，落实管护责任。③一笔管护经费：落实政府精准补贴和节水奖励等长效激励政策，通过年度绩效考核结果及时兑现奖补资金。④一套规章制度：建立健全村级水利灌溉用水管理组织运作章程、放水员和维修养护人员管理职责、节水奖励与精准补助资金使用管理制度、村级灌溉放水制度、田间工程管养等水利灌溉工程运行维护管理规章制度，为实施年度绩效考核、及时兑现节水奖励和精准补助等提供政策依据。⑤一册管护台账：按照"八个一"要求建立健全放水管理、设施设备操作、维修养护记录等资料台账，按照财务制度要求兑现和使用奖补资金情况，做到各项票据齐全、台账规范。⑥一条节水杠子：把全行政区域的农田水利灌溉用水总量控制指标，分解落实到各镇街和行政村，并进一步分解落实到用水组织、用水大户、家庭农场等新型主体，以及每一座灌溉泵站、水闸、堰坝等。对照粮食作物、经济作物（蔬菜、水果）等用水定额"杠子"，督促放水员加强用水灌溉管理、科学用水调度、集约节约用水，并根据实施过程中节水幅度大小和绩效考核相关要求，兑现"实施有补、节水有奖、超额加价"等政策。⑦一种量水方法：因地制宜合理选择典型灌区，在典型灌区中科学规划布局与建设用水量水设施，以点带面，作为该灌区灌溉用水量绩效评价的依据。⑧一把锄头放水：实行村级放水员灌溉管理责任制，具体做好泵闸站等灌溉设施运行、水量控制、灌溉巡查、渠沟清淤、工程养护、维修需求上报等日常工作，并根据放水员绩效考核情况，兑现奖励资金，推动节水减排工作落到实处。

附录22　相关国家标准及规划文件

[1]《喷灌工程技术规范》(GB/T 50085—2007)

[2]《灌区规划规范》(GB/T 50509—2009)

[3]《防洪标准》(GB 50201—2014)

[4]《水资源规划规范》(GB/T 51051—2014)

[5]《管道输水灌溉工程技术规范》(GB/T 20203—2017)

[6]《灌溉与排水工程设计标准》(GB 50288—2018)

[7]《节水灌溉工程技术标准》(GB/T 50363—2018)

[8]《第三次全国国土调查技术规程》(TD/T 1055—2019)

[9]《规划环境影响评价技术导则　总纲》(HJ 130—2019)

[10]《灌区改造技术标准》(GB/T 50599—2020)

[11]《渠道防渗衬砌工程技术标准》(GB/T 50600—2020)

[12]《微灌工程技术标准》(GB/T 50485—2020)

[13]《河湖生态环境需水计算规范》(SL/T 712—2021)

[14]《高标准农田建设通则》(GB/T 30600—2022)

[15]《农业用水定额》(DB33/T 769—2022)

[16]《中华人民共和国国民经济和社会发展第十四个五年规划和2035年远景目标纲要》

[17]《全国水中长期供求规划》

[18]《全国现代灌溉发展规划》

[19]《保障国家粮食安全水资源保护和开发利用规划》

[20]《农业生产力布局与结构调整规划(2021—2030年)》

[21]《"十四五"全国种植业发展规划》

[22]《"十四五"重大农业节水供水工程实施方案》

[23]《"十四五"水利科技创新规划》